DES PRINCIPES GÉNÉRAUX

QUI DOIVENT PRÉSIDER AU CHOIX

DES

TRACÉS DES CHEMINS DE FER.

OBSERVATIONS SUR LE RAPPORT

PRÉSENTÉ PAR M. LE COMTE DARU,

Au nom de la sous-commission supérieure d'enquête.

Lorsqu'on jette un coup d'œil attentif sur la carte des travaux publics de l'Angleterre et de l'Amérique, il est impossible de ne pas être frappé de la distribution si différente des voies de communication dans ces deux pays.

Aux États-Unis, le caractère général du réseau des moyens de transport perfectionnés est une parfaite coordination de l'ensemble, une répartition bien entendue qui fait des canaux et des chemins de fer un tout dans lequel chaque organe occupe une place nécessaire et a son utilité spéciale. Les voies de communication, bien que proportionnées par leur nombre et par leur étendue à la

1843

multiplicité des besoins qu'elles sont appelées à desservir, sont cependant distribuées d'une manière assez égale entre les diverses parties du territoire de l'Union. C'est par exception seulement que l'on rencontre des lignes concurrentes. Loin de se porter préjudice, chemin de fer, bateau rapide, bateau à vapeur, forment des annexes les uns des autres, s'alimentent réciproquement, se prêtent un mutuel secours.

En Angleterre, au contraire, les rivières desservies par la vapeur, les chemins de fer, les canaux sont accumulés, multipliés outre mesure sur une zone privilégiée, alors qu'ils manquent entièrement sur de vastes surfaces; ils unissent les mêmes villes, sont menés dans des directions parallèles, et souvent même juxtaposés; ils sont disposés enfin de manière à se nuire les uns les autres, à s'enlever, avec leurs légitimes bénéfices, la possibilité d'effectuer les transports à très-bon marché.

La cause première de cette différence ne doit pas être cherchée ailleurs que dans la marche opposée qu'ont suivie ces deux pays en procédant à l'exécution de leurs travaux publics. Les Anglais, pleins de foi dans la toute-puissance d'une concurrence industrielle qui ressemble beaucoup au désordre, ont tout abandonné au caprice et à l'avidité des faiseurs d'affaires. Les Américains, au contraire, ont remis à une commission spéciale le soin d'éclairer par des études approfondies leurs premiers pas, et de tracer un programme devenu le guide des États qui se sont faits depuis entrepreneurs ou commanditaires des voies de communication.

Une expérience si concluante aurait dû nous profiter; et puisque la mobilité des esprits, l'instabilité des administrations, et, il faut le dire aussi, l'imprévoyance des législateurs, n'avaient pas permis d'élaborer suffisamment l'ensemble du projet de chemins de fer soumis aux chambres l'année dernière, il eût été prudent de se renfermer dans des termes tout à fait généraux quant à la désignation des tracés pour lesquels aucune allocation de fonds n'était demandée. On aurait ainsi statué sur les conditions financières, on aurait décrété le commencement immédiat des travaux, on aurait atteint l'effet moral que l'on voulait produire sans embarrasser les délibérations à venir par des décisions antérieures prises à la légère et sans instruction suffisante. Tel était, en effet, le cadre dans lequel le gouvernement s'était sagement renfermé. On sait ce qui arriva dans le sein de la commission parlementaire. Les élections approchaient; chaque député voulait satisfaire ses commettants et leur donner un témoignage de sa sollicitude pour leurs intérêts en assurant le passage du chemin de fer à travers sa localité. Les membres de la commission firent un échange de bons procédés, et s'adjugèrent chacun une des branches de notre réseau. C'est ainsi que l'on vit déterminer les points intermédiaires de lignes pour lesquelles aucune étude comparative n'avait été essayée. On plaça Douai sur le chemin de Lille, Poitiers sur celui de Bordeaux, Dijon sur le rail-way lyonnais, Nancy sur le rail-way de l'Est, sans s'inquiéter de ce qui adviendrait plus tard, lorsque des recherches commerciales, économiques et scientifiques plus sérieuses ayant été faites, les intérêts généraux apparaîtraient en contradiction manifeste avec la lettre de la loi du 11 juin.

Cette dernière éventualité n'a pas manqué de se réaliser. Elle s'est réalisée autant de fois que l'on a discuté de grandes lignes. Dans la commission du Nord, la crainte de rendre plus difficile encore l'adhésion de la compagnie fermière a seule empêché d'adopter un tracé qui laissait Douai sur la branche de Valenciennes. Dans le travail qui va nous occuper plus spécialement, on s'est également demandé jusqu'à quel point on pouvait déroger aux décisions de 1842; et, considérant qu'une faute reconnue ne saurait jamais être trop tôt réparée; que, d'ailleurs, une loi pouvait toujours défaire ce qu'une loi avait fait lorsqu'il n'y avait pas de contrat passé vis-à-vis de tiers, la commission supérieure, saisie de l'examen du tracé du chemin de Lyon, a déclaré « qu'elle se plaçait au point de « vue d'une complète indépendance; qu'elle raisonnait, abstraction « faite de toutes les circonstances, de toutes les considérations qui, « puisées dans un autre ordre d'idées que l'*objet* même de la loi « nouvelle, pouvaient entraver son examen. »

C'est sur ce terrain seulement que la discussion peut être utilement portée. L'impartialité des premiers juges était mise à une trop rude épreuve, et l'insuffisance des pièces sur lesquelles ils ont basé leur arrêt est trop manifeste pour ne pas frapper d'interdit la décision qu'ils ont rendue. Le complément d'instruction qui vient d'avoir lieu pour le rail-way du Sud-Est n'est pas moins indispensable pour celui du Sud-Ouest, pour celui du Nord. Chaque ligne doit se justifier par sa propre vertu.

La création d'une commission supérieure chargée d'émettre un avis sur les tracés de nos grandes lignes fut donc une mesure d'excellente administration, un moyen de faire connaître au pays des vérités qui se défiguraient sous l'action des influences parlementaires ou, pour mieux dire, qui restaient enfouies dans ce puits de la fable au fond duquel personne ne prenait le souci d'aller les recueillir. Nous avions été les premiers à provoquer cette mesure, et ce qui vient de se passer réalise toutes nos espérances. Désormais la question du chemin lyonnais est sortie du vague au milieu duquel se perdaient les hommes les plus désintéressés, les esprits les plus impartiaux. Les faits constatés par des pièces officielles sont mis au grand jour; ceux-là seuls ignoreront qui ne voudront pas s'éclairer ou qui seront intéressés à ne pas voir. Nous ne faisons qu'un vœu, c'est que la commission supérieure soit successivement saisie de l'étude de tous les tracés encore en litige; c'est qu'elle apporte dans ses délibérations successives l'indépendance d'esprit, la scrupuleuse lenteur dont elle a fait preuve jusqu'à ce jour. On ne saurait trop mûrement examiner des questions qui engagent à un si haut degré les finances et la prospérité future du pays.

Ce n'est pas en séance publique, dans une assemblée composée d'un assez grand nombre de membres, que peut s'instruire une affaire importante. La commission supérieure a donc chargé une sous-commission de lui présenter un rapport sur les divers projets en présence : tracé de Paris à Lyon par les vallées de l'Aube et de l'Aubetin ; tracé par la vallée de la Seine, tracé par la vallée de l'Yonne et de l'Armançon, avec les déviations diverses qu'on peut leur faire subir. M. le comte Daru a été chargé de rédiger ce rapport, et il l'a fait avec le talent que l'on était en droit d'attendre d'un économiste aussi distingué. Il nous faut rendre justice à l'excellente méthode des classifications adoptées dans ce travail, et à la grande clarté du style de l'auteur. Notre jugement, à cet égard, est d'autant moins suspect que nous avons sur plusieurs des points traités dans ce rapport une opinion diamétralement contraire à celle de la majorité dont il est l'expression fidèle. Nous sommes en désaccord avec cette majorité, quant aux principes généraux qu'elle pose, et quant aux applications particulières qu'elle fait de ces principes.

C'est pour justifier cette divergence d'opinion, pour empêcher, dans la mesure de nos forces, que des paradoxes dangereux soient acceptés par l'opinion publique, et forment règle pour l'avenir, que nous avons entrepris ce travail. Nous n'intervenons pas pour appuyer les préférences de telle ou telle compagnie. Ce n'est pas au moment où les abus de toute nature, qu'entraîne à sa suite le système des concessions, se révèlent par des actes; ce n'est pas à l'heure où les vices profonds du mode de fermage institué par la loi du 11 juin viennent d'être mis au grand jour par des discussions solennelles, que nous abandonnerons les grands principes pour lesquels nous avons toujours combattu. Les compagnies de chemins de fer ne sont pas organisées pour servir utilement la chose publique ; sous quelque forme qu'elles interviennent, lorsqu'elles ont la libre disposition des tarifs, nous les considérons comme fatales à la grandeur et à la prospérité du pays. Les voies de communication construites aux frais de la communauté doivent être exploitées au profit de la communauté, c'est-à-dire sous la surveillance des grands pouvoirs publics et par les soins de l'administration centrale.

Nous n'intervenons pas davantage pour cacher sous le masque de l'intérêt public la défense des prétentions de telle ou telle localité ; nous n'entendons, en aucune manière, prendre parti pour l'un ou pour l'autre des départements qui se disputent le tracé du chemin de Paris à Lyon. Nous pourrions d'autant moins le faire, qu'à notre avis, c'est par le Bourbonnais, par Bourges, Nevers, Moulins et Roanne que doit passer la route du Sud-Est. C'est là que se trouvent les grandes agglomérations urbaines : Orléans, Bourges, Clermont, Saint-Étienne ; les nécessités stratégiques qui veulent que nos deux centres militaires et administratifs de premier ordre, notre grand port commercial sur la Méditerranée, et notre port militaire qui conduit à Alger, soient reliés par une voie à l'abri de toute atteinte ; c'est là, enfin, qu'avec la construction d'une ligne nouvelle de 226 kilomètres, Paris et Lyon trouveraient une jonction continue par rail-way. Sortira donc victorieux qui pourra ou qui devra de la lutte aujourd'hui commencée. Mais ce qui nous importe, ce qui nous touche par-dessus tout, c'est de sauvegarder les principes, c'est de combattre les erreurs génériques lorsqu'elles se produisent sous le patronage de noms qui jouissent d'un grand et légitime crédit, afin qu'après tant d'années de tâtonnements et d'hésitations, nous ne recommencions pas une série de fautes qui compromettraient sérieusement les fruits de nos efforts, si elles ne les frappaient de stérilité. Derrière une décision particulière, nous voyons une question générale, un précédent fécond ou dangereux. Voilà ce qui nous émeut, ce qui nous intéresse dans l'avis que va émettre une assemblée considérable !

La sous-commission supérieure ne s'est pas bornée, en effet, à examiner les faits particuliers de la cause qui lui était soumise.

Interprétant sa mission dans le sens le plus large, elle s'est d'abord demandé s'il n'existait pas quelques règles générales applicables à tous les tracés, en dehors de toute considération propre à telle ou telle ligne, des principes qui devraient servir de règle et de guide dans la recherche des directions qui satisfont le mieux aux intérêts publics. Et voici comment elle a répondu à cette question :

Il faut tendre à obtenir le *maximum* de produits, en cherchant les points sur lesquels existe déjà la plus grande circulation possible, en ondulant les lignes de manière à suivre les courants commerciaux aujourd'hui existants, à éviter les perturbations, à ménager les droits acquis. Il convient encore de rechercher les tracés les plus faciles à exécuter, les moins dispendieux à entretenir, les mieux disposés pour recevoir les embranchements secondaires, enfin ceux qui se prêtent le mieux à la défense du royaume.

C'est sur ces premières données que vont porter nos observations.

COMMENT S'APPRÉCIE L'INTÉRÊT PUBLIC DANS LA CRÉATION DES VOIES DE TRANSPORT.

Si l'intérêt de la communauté à l'établissement d'une voie de communication pouvait se mesurer, comme le dit la sous-commission, par le revenu que l'on doit attendre de l'exploitation de cette voie, par la masse des transports qui existent là où l'on se propose de la mener, rien ne serait plus facile que de reconnaître les meilleurs tracés. Il suffirait de laisser aux compagnies fermières le soin de choisir entre les différentes directions possibles, leur instinct mercantile ne les tromperait pas.

Mais cette doctrine, qui ne manquerait pas d'exactitude si les diverses parties de notre territoire se trouvaient dans une situation rigoureusement égale quant aux voies de transport, devient fausse sitôt qu'on l'applique à des localités pourvues de communications différentes par leur nature et par leur degré de perfection.

Dans notre pays, l'instrument régulier et général de locomotion est la route de terre, sur laquelle le transport des voyageurs s'effectue, en grande partie, à des vitesses de 10 kilomètres à l'heure, et pour un prix minimum de 7 à 8 centimes par kilomètre. Le mouvement des marchandises a lieu, par roulage, au prix de 20 à 30 centimes par kilomètre et par tonne.

Dans les vallées desservies par la navigation à la vapeur, la vitesse obtenue est deux fois environ plus considérable, les occasions de déplacement plus multipliées; les prix descendent jusqu'à 2 centimes par kilomètre pour les voyageurs.

Là où des canaux ont été établis, aussi bien que sur les rivières, la plus grande masse des marchandises voyage au prix de 6 à 8 centimes par tonne et par kilomètre.

A circulation égale et pour un même tarif, suivant qu'un chemin de fer, donné aux conditions de la loi du 11 juin, est mené au travers d'une contrée desservie par la navigation à la vapeur et la batellerie, par les diligences et le roulage, ou par la route de terre et le canal, il produit, pour les hommes qu'il porte, des bénéfices de temps représentés par les nombres 1 et 2, et des économies d'argent nulles, sinon négatives dans la première hypothèse; de 37 pour 100 dans la seconde et la troisième; pour les marchandises, un bénéfice d'argent de 40 à 50 pour 100 dans un cas, nul dans les deux autres.

En partant de ces bases pour calculer ce qu'on pourrait en quelque sorte nommer le bénéfice *latent* d'une voie de fer, sur laquelle circuleraient annuellement 300,000 voyageurs et 200,000 tonnes de marchandises, et estimant à 25 centimes seulement par heure la valeur moyenne du temps pour les hommes (1), on aurait, pour chaque longueur de 100 kilomètres :

1° *Sur un rail-way substitué à une route de terre :*

Économie d'argent sur les voyageurs (3 fr. par personne)	900,000 fr.	3,463,000 fr.
Économie de temps sur les voyageurs (1 fr. 88 par personne	563,000	
Économie d'argent sur les marchandises (10 fr. par tonne)	2,000,000	

(1) Il y faudrait aussi tenir compte de l'économie de temps pour les marchandises; mais on comprend qu'une distinction de cette nature ne peut être établie que quand on connaît l'espèce des marchandises à transporter.

Il est évident, en effet, que l'on ne saurait ranger sur la même ligne les produits agricoles qui ont peu de valeur sous un grand volume et pour lesquels la vitesse n'a pour ainsi dire aucun prix, et les produits coloniaux ou les produits des manufactures, beaucoup plus précieux, plus faciles à avarier et qui tirent conséquemment un bien plus grand avantage de la célérité des chemins de fer.

2° *Sur un rail-way substitué à une route de terre et à un canal :*

Économie d'argent sur les voyageurs (3 fr. par personne).	900,000 fr.	1,463,000 fr.
Économie de temps sur les voyageurs (1 fr. 88 par personne).	563,000	
Économie d'argent sur les marchandises. . .	Néant.	

3° *Sur un rail-way substitué à une voie fluviale desservie par la vapeur :*

Économie d'argent sur les voyageurs. . . .	Néant.	263,000 fr.
Économie de temps sur les voyageurs (88 centimes par personne).	263,000 fr.	
Économie d'argent sur les marchandises. . .	Néant.	

Ainsi, pendant que, dans les trois cas, une compagnie recevrait le même revenu, le public appelé à jouir de la nouvelle communication recueillerait des bénéfices indirects, qui sont entre eux dans le rapport des nombres 10, 56 et 132. Si, en même temps, le chemin de fer n'obtenait cette circulation qu'en dépouillant de ses transports une voie navigable construite à grands frais, le gain de la communauté diminuerait encore, car il y aurait, en pareil cas, destruction partielle du capital national.

En réalité, les différences entre ces trois situations sont bien plus grandes encore que ne sembleraient l'indiquer les chiffres 10, 56 et 132, parce que, dans les contrées desservies par une voie de navigation, le bon marché, descendu à sa dernière limite, a exercé toute son influence sur le mouvement des hommes et sur celui des choses, tandis que là où la route de terre est le seul moyen de transport, cet effet est encore tout entier à produire.

Ainsi, lorsqu'en 1827 on s'occupa de creuser un canal entre Bruxelles et Charleroy, le bassin houiller qui avoisine cette dernière ville n'expédiait pas 1,000 tonnes de combustible sur la capitale belge, exclusivement approvisionnée par le bassin de Mons. Si l'on avait essayé de calculer, d'après les règles posées et appliquées par la sous-commission supérieure, le produit probable du canal de Charleroy, on serait arrivé à conclure que cette communication était non-seulement insignifiante au point de vue de l'intérêt public, mais qu'elle serait ruineuse pour les entrepreneurs. « Quel revenu représentent 1,000 tonnes, voire même 2,000 tonnes, sur toute la distance? aurait-on dit. L'approvisionnement

« de Bruxelles se fait, de très-longue date, par une autre voie ; « chaque année, plus de 250,000 tonnes descendent l'Escaut à destination de Bruxelles, d'Anvers et de Louvain ; c'est là que sont « les habitudes prises, c'est là que se trouvent les plus grands trans- « ports à effectuer, c'est là qu'il convient d'ouvrir un canal. »

Les Belges raisonnèrent sans doute autrement, et l'expérience démontre qu'il ne s'en sont pas mal trouvés ; car, huit ans après l'achèvement des travaux, le tonnage du canal de Charleroy dépassait 300,000 tonnes, et le prix de la houille sur les marchés de Bruxelles et d'Anvers avait éprouvé une sensible diminution.

On n'a pas ouvert de canal direct sur Mons, mais on y a mené un chemin de fer qui se prolonge jusqu'au centre des terrains houillers sur lesquels est assise cette ville. A-t-on augmenté ainsi l'écoulement des richesses minérales de ce bassin ? A-t-on diminué d'un centime le prix de vente du charbon ? Pas le moins du monde en ce qui concerne les points extrêmes. Il n'y a eu d'amélioration que sur les marchés intermédiaires situés entre Mons et Tubise, placés en dehors de l'influence de la voie d'eau.

Tandis que le chemin de fer du Midi ne changeait rien à la situation du bassin qu'il touche, et que le bureau de Mons ne figurait que pour 1/180e dans le chiffre des recettes de marchandises sur le rail-way belge, la branche de Liége déterminait un abaissement de prix du combustible minéral sur toute la ligne qu'elle parcourt (1), et avec cet abaissement se produisait un accroissement considérable de consommation, si bien que le bureau de Liége donne 1/42e de la recette totale des marchandises ; les deux tiers de cette fraction proviennent du mouvement des houilles.

Mises en possession de combustible et des matières premières à un prix raisonnable, les manufactures se développent, les prix de vente fléchissent, toutes choses qui, exprimées en argent, donnent des résultats souvent supérieurs aux produits directs des railways.

Il ne suffit donc pas de dresser les états de consommation des localités desservies par une ligne projetée de chemin de fer, pour apprécier ses revenus probables ; il ne suffit pas davantage, lorsqu'on veut mesurer le degré d'utilité publique d'un tracé, de pren-

(1) Pour la ville de Tirlemont, par exemple, le prix anciennement payé 50 fr. se décomposait en achat de houille 12 fr., transport 14 fr. Ces 14 fr. sont réduits à 4 fr. 60 par le chemin de fer. Aussi la consommation de houille, qui était de 5,700 tonnes en 1835, dépasse-t-elle aujourd'hui 10,000 tonnes, et va-t-elle toujours croissant.

dre la circulation aujourd'hui existante dans la direction qu'il doit suivre. C'est précisément parce que la fortune nationale se compose de la somme des fortunes particulières ; c'est parce que ce qui profite aux individus profite à la masse tout entière, qu'il est indispensable, dans les appréciations de cette nature, de tenir compte et du degré de perfection des voies de transport qui sillonnent déjà les départements traversés, et de la mesure dans laquelle se trouvent satisfaits les besoins les plus immédiats de ces départements.

APPLICATION DE CES PRINCIPES AU CAS SPÉCIAL DU CHEMIN DE LYON.

Quel que soit notre désir de nous renfermer dans des termes généraux, nous ne pouvons nous empêcher de remarquer que des deux tracés, mis en présence par la sous-commission, il en est un le long d[uq]uel le chemin de fer ne peut rien ajouter quant au bon marché des transports, c'est celui qui suit la vallée de la Seine jusqu'à Montereau, la vallée de l'Yonne de Montereau à la Roche, le canal de Bourgogne entre la Roche et Dijon ; le tracé improprement appelé tracé de l'Yonne.

L'autre tracé, au contraire, celui de la Seine, resterait, dans tous les cas, en dehors de l'action des voies d'eau, entre Troyes et Dijon, de même qu'entre Troyes et Vitry, si la section de Paris à Troyes servait de tronc commun aux chemins de Lyon et de Strasbourg.

Or le rail-way de Vitry à Dijon tire de l'industrie particulière des localités qu'il traverse ou qu'il touche une importance toute particulière. Après avoir coupé le premier groupe métallurgique de l'est, il coupe d'abord, puis enveloppe le septième groupe dit de Champagne et de Bourgogne, qui a son centre sur le versant occidental du département de la Haute-Marne, qui se prolonge, au sud-ouest, dans le département de la Côte-d'Or ; au nord, sur le département de la Meuse ; puis s'avance en pointe, vers l'ouest, sur le département de l'Aube.

Il y a longtemps que la situation de ce dernier groupe, placé au premier rang pour la qualité et pour l'abondance du minerai (1), mais essentiellement limité dans sa production par l'exces-

(1) « On peut considérer ce groupe de minières comme renfermant les meilleures « qualités de minerai et comme présentant des ressources fort considérables dans la

sive cherté du combustible, a attiré l'attention du gouvernement et des chambres.

« L'industrie métallurgique, » disait en 1837, par l'organe de M. de Dalmatie, la commission chargée d'examiner les projets de loi relatifs à l'amélioration des rivières, « est, comme on « le sait, extrêmement développée dans les départements qui abou- « tissent à la Haute-Marne. Les minerais de fer y sont excellents et « en abondance, mais la houille manque absolument, et l'exploi- « tation des forêts a une limite qui est bientôt atteinte. Une indus- « trie aussi importante ne peut pas rester engagée dans de pareilles « entraves, et si nous lui accordons aujourd'hui, avec quelque « peine, la protection du tarif de douanes dont elle ne saurait se « passer dans son état actuel, à plus forte raison devons-nous ten- « dre à lui donner l'impulsion qui lui permettrait de se passer de « cette protection. Nous y parviendrons sûrement si nous mettons « la houille à la portée de cette industrie. »

Dans son compte rendu de 1836, l'administration des mines disait aussi, en parlant du même groupe :

« On doit reconnaître que ce n'est pas sur le perfectionne- « ment, inévitable d'ailleurs, des méthodes de fabrication que re- « pose principalement l'avenir de ce groupe; l'insuffisance ac- « tuelle des forêts, dont les produits se vendent d'ailleurs un prix « exorbitant, et l'extrême cherté de la houille, sont des obsta- « cles d'un ordre bien supérieur. Le septième groupe verra sur- « tout se développer les avantages que lui assurent déjà ses ex- « cellentes et inépuisables minières de fer, ses nombreux cours « d'eau et son heureuse situation entre les riches bassins de la « Saône et de la Seine, lorsque les plaines arides de la Champa- « gne seront recouvertes de forêts, et les deux termes extrêmes « de la navigation fluviale de la Saône et de la Marne, Gray et « Saint-Dizier, seront réunis par une voie de communication « économique. »

Le compte rendu de 1839 établit, en effet, que le département de la Haute-Marne est de tous les départements producteurs de fer celui qui paye le combustible minéral le plus cher. La houille qu'il consomme, achetée 77 centimes l'hectolitre au lieu de production, se vend 5 fr. 40 sur les points de consommation;

« Côte-d'Or, et, pour ainsi dire, indéfinies dans la Haute-Marne. » (*Compte rendu des ingénieurs des mines*, pages 65 et 66, année 1836.)

il en est à peu près de même du département de l'Aube, dans lequel le prix moyen de vente est, d'après le même document, de 5 fr. 30, tandis que le prix moyen pour la France entière n'est que de 1 fr. 26. Dans de telles conditions, et avec des bois qui deviennent de plus en plus rares, il était impossible que le septième groupe produisît tout ce qu'on devait en attendre, et l'on observe, en effet, que malgré des améliorations considérables dans les procédés de fabrication, améliorations dont les documents officiels font foi, la production de la fonte et du fer réunies n'ont augmenté que d'un douzième, de l'année 1835 à l'année 1841, pendant que l'ensemble de la production de la France augmentait d'un quart. Le septième groupe occupait 2,591 ouvriers en 1836, et 2,268 seulement en 1842; diminution : 323 ouvriers, pendant que, sur l'ensemble de nos usines à fer, on signalait un accroissement de 9,030 employés.

Pour sortir de cet état de souffrance, que faudrait-il au septième groupe? De la houille de Saarbruck ou d'Epinac pour effectuer le puddlage de ses fers; du coke de Saint-Etienne pour opérer, conjointement avec le bois, la fusion des minerais. Ce but qu'il poursuivait, en demandant avec instance l'exécution du canal de Gray à Saint-Dizier, aujourd'hui plus reculée que jamais par les nombreux engagements du trésor, il l'atteindra en grande partie si le tracé du chemin de fer, connu sous le nom de tronc commun, est adopté.

Voici donc des besoins bien constatés, des besoins qui procureraient un immense mouvement au chemin de fer appelé à les desservir, des besoins dont la satisfaction deviendrait pour le consommateur et pour le pays la source de nombreuses épargnes. Ce ne sont assurément pas les seuls, et il nous serait facile d'en signaler plusieurs autres non moins réels qui se rattachent également au tracé par Troyes.

« Dans le devis des ingénieurs, » lit-on à la page 102 du rapport de M. le comte Daru, « le mètre cube de pierre, rendu à Troyes, « est évalué à 90 fr. » A ce prix il est clair que la pierre n'est pas à la portée des consommateurs ordinaires, et de là ce système de construction en torchis universellement adopté dans la capitale de la Champagne, de là encore l'élévation du prix d'entretien des routes.

Cette pierre, qui coûte 90 fr. à Troyes, se vend de 13 à 19 fr. dans les carrières du Châtillonnais. Un chemin de fer qui réunirait Châtillon à Troyes, réduisant de moitié la dépense de son transport, causerait donc une véritable révolution dans le système des bâtisses de cette dernière ville, et provoquerait une économie indirecte qui, appliquée aux 3,000 mètres cubes aujourd'hui consommés, dépasserait déjà 100,000 fr.

Le long du canal de Bourgogne et de la vallée de l'Yonne, que doit suivre l'autre tracé, nous ne trouvons aucune situation analogue ; grâce à la présence des voies d'eau, la houille s'obtient à un prix raisonnable sur tous les points : 1 fr. 25 l'hectolitre à Pont-d'Ouche, 1 fr. 75 à Charrée ; il en est de même de la pierre qui, rendue à Auxerre, coûte 40 fr. le mètre cube (1). Le chemin de fer ne changera donc rien aux prix de vente, il ne déterminera pas un accroissement de circulation, il ne laissera pas dans les localités traversées de produits indirects.

De ce point de vue, et si, comme l'affirme la sous-commission, la circulation probable sur les deux tracés est, à peu de chose près, égale, il est impossible de ne pas reconnaître que le tracé par la vallée de la Seine porte à un plus haut degré que celui de l'Yonne le caractère d'utilité pubique.

DU RÔLE QUE SONT APPELÉS A JOUER LES CANAUX ET LES CHEMINS DE FER DANS LE TRANSPORT DES MARCHANDISES.

Est-il d'ailleurs probable, est-il possible que deux chemins de fer, menés au milieu de pays à peu près semblables par leur population, par leur richesse agricole ou commerciale, mais placés, l'un côte à côte avec un canal, l'autre hors de l'influence des lignes de navigation, obtiennent une circulation égale de marchandises ?

Habitués à raisonner sous l'inspiration des événements du jour, des événements qui s'accomplissent dans un rayon de quelques lieues autour de la capitale, sans prendre souci des expériences déjà faites chez nous et autour de nous, des enseignements du passé et des promesses de l'avenir, nous jetons au public de décevantes théories, dont le moindre défaut est d'être en contradiction manifeste avec les faits.

(1) Rapport de M. le comte Daru, p. 102.

Parce que les chemins de fer de Versailles et de Saint-Germain tirent du mouvement des voyageurs la presque totalité de leur revenu ; parce que les compagnies des chemins d'Orléans et de Rouen n'ont pu encore fournir des wagons à tous les expéditeurs qui en sollicitent, nous considérons le transport des marchandises comme un élément insignifiant des recettes des rail-ways ; nous affirmons très-sérieusement que les chemins de fer ne sont propres qu'au transport des marchandises de prix.

Parce que les canaux de 1821 et 1822 ne sont point arrivés à un état d'aménagement convenable, qu'ils aboutissent encore dans des rivières dont le cours réclame des améliorations nombreuses, nous prenons pour un état définitif ce qui n'est qu'un provisoire des plus fâcheux, et nous n'admettons pas que ces voies d'eau puissent effectuer les transports avec une suffisante régularité, avec une assez grande vitesse pour recevoir la plus grande partie des produits du roulage.

Nous avons cependant par devers nous des exemples aussi nombreux que concluants qui apportent la preuve du contraire. Les canaux du nord de la France, ceux de la Belgique, ceux de l'Angleterre, le canal du Languedoc, le canal du Rhône au Rhin, entre Mulhouse et Strasbourg, ont attiré à eux la plupart des expéditions de commerce ; ils possèdent des services de bateaux en accéléré, partant et arrivant à jour fixe dans les limites ordinaires de temps du roulage ; quelques-uns d'entre eux même sont dotés de services de bateaux-postes, qui marchent avec la vitesse des voitures publiques. Cette organisation n'a pas été l'œuvre d'un jour. Les propriétaires du canal du Midi n'y sont arrivés qu'après quinze années de laborieux efforts. Sur nos canaux du Nord, elle se développe seulement depuis six années, et elle s'améliore de jour en jour. Nous serions donc mal venus à nous plaindre de ne pas la rencontrer sur tous les canaux, à peine achevés, de 1821 et 22. Mais, de ce qu'elle n'existe pas aujourd'hui, s'ensuit-il qu'il faille renoncer à l'établir ?

Les canaux de l'Est seront les égaux des canaux du Midi et du Nord sitôt qu'ils posséderont une série non interrompue de relais échelonnés le long de leur cours ; et les services de relais s'organiseront le jour où les chômages deviendront moins longs et moins fréquents, la remonte pécuniairement possible. Alors les bateaux pontés mettront le commerce à l'abri des infidélités des mariniers, la rapidité de la marche préviendra les avaries, et la majeure partie de ce roulage qui écrase aujourd'hui la route de terre viendra enrichir les voies d'eau.

C'est ce but auquel nous devons tendre; c'est ce but que nous atteindrons sûrement et promptement, si nous n'abandonnons pas, à la veille d'en recueillir les fruits, une grande œuvre presque achevée, qui ne demande plus qu'un dernier effort... Avec les dimensions que nous avons données à leurs cuvettes et à leurs écluses, nos canaux ont sur les canaux anglais une incontestable supériorité : sachons leur assurer ce qui leur manque encore, améliorer leur système de viabilité, les doter d'une police vigilante, régulariser leur tenue d'eau, réduire la longueur de leurs chômages, en portant le corroi là où des fuites d'eau le rendent nécessaire, en multipliant les réservoirs d'alimentation naturels, en créant au besoin quelques-uns de ces réservoirs artificiels desservis par des pompes et mus par la vapeur, qui se rencontrent à chaque pas en Angleterre, et qui ne sont pas inconnus en Belgique ; en raccourcissant, enfin, fût-ce au prix d'un accroissement de dépense, la durée des travaux de réparation. Ce progrès une fois obtenu, et si les relais se font encore attendre, on pourra, sans crainte et à l'exemple de ce qu'ont pratiqué les Belges pour le canal de Charleroi, mettre en adjudication les divers relais, obligeant les bateliers à se servir des chevaux tenus à leur disposition, moyennant une rétribution déterminée.

Alors notre navigation intérieure changera de face; alors, avec une dépense de 35 à 40 millions, nous aurons rendu tout à fait féconde une œuvre dans laquelle est englouti près d'un demi-milliard; alors nos canaux de l'Est seront, comme le canal du Languedoc, comme les canaux de l'Angleterre, un instrument complet, quant au transport des marchandises. Mais pour que le pays se décide à consentir à cette nouvelle dépense, il ne faut pas détruire à l'avance le but pour lequel elle est demandée; et c'est cependant ce que l'on ferait si l'on établissait les chemins de fer sur le bord des canaux.

Que sont, en effet, les chemins de fer, relativement au transport des marchandises?

C'est ici surtout que nous trouvons ces opinions erronées préconçues, cette ignorance des faits que nous déplorions tout à l'heure. L'expérience parle en vain ; on ne veut pas voir que là où le mouvement des choses ne se partage pas entre un rail-way et une voie d'eau, le chemin de fer sert au transport des matières les plus encombrantes. C'est ce qui a lieu en France entre Alais et Beaucaire, entre Saint-Etienne et Lyon ; en Belgique sur la ligne de l'Est, de Verviers à Anvers ; en Angleterre, sur le chemin de Newcastle à Carlisle, de York à Darlington ; en Allemagne, sur toutes les lignes aujourd'hui livrées à la circulation. Nous ouvrons les états des recettes de ces diverses entreprises, et nous y voyons figurer au premier rang les charbons, les pierres de taille et pierres à chaux, les grains, les sels et les fruits, les minerais, les bois de construction, les plombs, les fontes brutes. Et comment en serait-il autrement, lorsque des sociétés, qui ont exécuté leurs chemins avec leurs seules ressources, descendent jusqu'à 8 et 6 centimes le tarif du transport des marchandises pour la dernière classe ? Les frais de traction étant tout au plus de 3 centimes par tonne, ce prix leur laisse un produit raisonnable qui sert à couvrir les frais généraux, les dépenses de la voie et augmentent proportionnellement le bénéfice net obtenu sur les marchandises de plus grande valeur. Ce n'est pour ainsi dire qu'avec des transports à 6 centimes (houille pour l'exportation) que le rail-way de Stockton à Darlington donne un dividende annuel de 14 pour 100.

Prétendre que les marchandises encombrantes « ne circulent « pas sur les rail-ways, gênent les chemins de fer plus qu'elles ne « leur sont utiles ; qu'un chemin de fer ne peut baisser ses tarifs à « 8 centimes par tonne et kilomètre, *maximum* du péage sur le ca- « nal de Bourgogne, parce que les seuls frais de traction de loco- « motives sont de 10 centimes au moins (opinion de la majorité « de la sous-commission, pages 131, 133 et 135 du travail de « M. Daru), » c'est accumuler à plaisir inexactitude sur inexactitude, erreur sur erreur ; c'est nier tout ce que la pratique démontre, tout ce que l'expérience consacre non pas seulement en Allemagne, en Angleterre ou en Belgique, mais en France même (1).

(1)

Recette du chemin de fer d'Alais à Beaucaire, en 1842	Voyageurs. .	341,185 fr.
	Marchandises.	1,049,448
Recette du chemin de fer de St-Étienne à Lyon	Voyageurs. .	803,000
	Marchandises.	3,138,000
Chemin de fer belge tout entier, en 1842	Voyageurs. .	1,684,345
	Marchandises.	2,732,757
Chemin de Newcastle à Carlisle	Voyageurs. .	733,050
	Marchandises.	1,251,400
Ensemble des 46 grandes lignes de chemins de fer d'Angleterre	Voyageurs. .	62,500,000
	Marchandises.	27,500,000

C'est à n'en pas croire ses yeux ! Nous avons en France un chemin de fer d'Alais à Beaucaire, qui, certes, ne périclite pas, un chemin de fer de Saint-Etienne à Lyon, dont la position, d'abord rendue difficile par la nouveauté de la matière, est aujourd'hui fort satisfaisante (1) ; nous avons un chemin de fer de Paris à Orléans, dont les administrateurs ne passent pas pour des utopistes. Or il n'est aucun de ces rail-ways qui ne prenne des produits encombrants à moins de 10 centimes par tonne et kilomètre. Dans ces 10 centimes, sont compris les frais de traction des locomotives, l'entretien des wagons, la réparation de la voie, l'administration, la police des trains, quelques menus frais de manipulation et le bénéfice des entrepreneurs. A son origine, le chemin de Strasbourg à Bâle faisait payer plus cher, mais il a compris que son tarif élevé lui était onéreux, et il l'a descendu jusqu'à 8 centimes et demi. Le résultat de cette modification a été de tripler immédiatement les recettes effectuées sur le mouvement des choses, sans augmenter d'un centime les dépenses de locomotion. Quelle preuve plus concluante faut-il donc à la majorité de la sous-commission?

M. Locke annonçait, dans son dernier rapport aux actionnaires du chemin de Rouen, qu'un marché venait d'être conclu avec un grand constructeur de machines pour la fourniture à prix fixe de la force motrice nécessaire au rail-way. Le constructeur devient en quelque sorte le relayeur du chemin, et il reçoit, comme rétribution, 1 fr. 10 par kilomètre parcouru et par locomotive. Avec une charge utile de 35 tonnes seulement, les frais de traction par locomotive seront de 2 centimes, soit un cinquième du chiffre que la sous-commission a pris pour point de départ.

Ainsi, les chemins de fer sont essentiellement propres au trans-

Chemin de fer autrichien du Nord, 1er semestre de 1845	Voyageurs. .	958,264
	Marchandises.	898,177
Ensemble de 10 chemins de fer allemands, ayant ensemble 1,126 kilomètres (1er semestre 1845)	Voyageurs. .	3,546,951
	Marchandises.	3,002,275

Voir les tableaux détaillés des recettes des marchandises et des tarifs des principaux rail-ways anglais, pages 95, 101 et 102 de notre *Rapport sur les Chemins de fer*, le tarif des chemins de fer belges, page 102 du même travail, le tarif des chemins de fer allemands, politique des chemins de fer, notes et pièces justificatives.

(1) Nous devons faire observer, contrairement à l'opinion trop légèrement reçue, que ce n'est pas du transport des voyageurs que le chemin de Saint-Etienne tire ses plus grands revenus. Sur 1,229,000 de produit net réalisé en 1842, les deux tiers environ, 850,000 fr., reviennent aux marchandises.

port des marchandises de toute nature. Chez eux, l'économie est le résultat d'une organisation bien entendue, tandis que, sur les canaux, c'est la vitesse qui est le dernier terme d'un système d'aménagement perfectionné.

Mais si ces principes, déduits du simple exposé des faits, sont hors de contestation, comment vient-on soutenir qu'un chemin de fer peut être tracé le long d'un canal sans inconvénient? N'est-il pas évident que les deux voies se partageront un mouvement auquel une seule d'entre elles eût dû suffire? Que les frais généraux restant les mêmes de part et d'autre, quelle que soit l'activité de la circulation, deux entreprises trouveront une existence maladive là où une seule voie de transport eût largement prospéré? Que, dans ce dernier cas, les capitaux considérables engagés sous forme de terrassements, de travaux d'art, de matériel, loin de se reproduire sous forme d'intérêt et d'amortissement pour venir rendre fécondes des conceptions nouvelles, resteront indéfiniment engloutis?

Il y aura partage du mouvement commercial entre les deux voies concurrentes, disions-nous tout à l'heure, mais comment ce partage s'effectuera-t-il? Si le tarif de nos canaux est maintenu au taux où il est aujourd'hui, nul doute que les chemins de fer ne leur enlèvent toutes les marchandises de quelque valeur, et ne tarissent ainsi la source la plus abondante de leur revenu déjà beaucoup trop faible, comparativement aux capitaux dépensés. Que fera-t-on donc pour maintenir l'équilibre entre les deux lignes rivales? On améliorera le régime de nos voies navigables? Ce n'est pas admissible. Aucun intérêt puissant ne militerait en faveur de cette mesure; le but poursuivi aurait cessé d'être en rapport avec la dépense nécessitée; tout imparfaites qu'elles soient, nos lignes d'eau suffisent au transport des produits très-encombrants pour lesquels la régularité des arrivages n'a aucun prix. Abaissera-t-on de nouveau les tarifs? Mais alors on grèvera encore le trésor déjà surchargé; dans leur état actuel, les recettes effectuées sur nos canaux suffisent à peine pour couvrir les dépenses annuelles d'entretien et d'administration de ces voies. Peut-on raisonnablement aller au delà, et n'aurait-on pas d'ailleurs de justes ménagements à garder vis-à-vis des voies de fer qui, elles aussi, ont besoin de revenus pour subsister?

Une fois entré dans cette voie funeste, et quoi que l'on fasse, on rencontrera donc d'inextricables difficultés; la plus simple prévoyance commande de les éviter.

Mais, dit-on, les transports à grande distance entrent pour une forte proportion dans le mouvement commercial des canaux. « Parmi les marchandises qui circulent sur le canal de Bourgo-« gne (1) 63,544 tonnes y entrent à Saint-Jean-de-Losne, venant du « Midi et se dirigeant vers la capitale. Puisque l'on suppose que la « voie de fer doit s'approprier une partie de cette circulation, cet « effet se produira à l'égard de ces 63,544 tonnes, que le tracé passe « par la vallée de l'Yonne ou par la vallée de la Seine. Sur quel « tonnage portera donc, en définitive, cette concurrence que l'on « paraît craindre tellement pour le canal de Bourgogne? Sur le « tonnage qui représente le parcours partiel, soit 69,805 tonnes « embarquées aux différents ports intermédiaires, entre Saint-Jean-« de-Losne et la Roche (2). L'argument n'a donc pas, dans la ques-« tion des deux tracés, toute l'importance qu'on lui attribue. » Quant à nous, nous ne voyons dans ce fait qu'un argument nouveau, plus décisif encore, si c'est possible, en faveur des principes que nous venons de poser ; et à moins d'appliquer aux difficultés économiques la méthode de ces empiriques qui coupent les membres malades pour n'avoir pas la peine de les guérir, il ne nous paraît pas que l'on puisse arriver à une autre conclusion.

DE LA JUSTICE DISTRIBUTIVE.

L'établissement des chemins de fer sur les bords des canaux n'est pas seulement une mesure de mauvaise administration, une destruction volontaire du capital national, c'est un acte contraire aux

(1) Rapport de M. le comte Daru, p. 435.

(2) Ce peu d'importance des parcours intermédiaires sur le canal signalé par le rapport réduit à sa juste valeur cet argument présenté en faveur de la contiguïté des deux voies. « Canal et chemin de fer se porteront un mutuel secours. La ligne navi-« gable transportera les marchandises, et la ligne à vapeur les commissionnaires, ex-« péditeurs, acheteurs attirés par le mouvement des affaires et les besoins de leur « commerce, les mariniers qui ayant conduit leurs bâtiments chargés de marchandises « remontent aux points de départ. » Disons en outre que les commissionnaires ne marchent dans aucun cas à l'avance ni à la suite de la marchandise dont ils sont chargés, et que le système barbare du dépeçage qui oblige les mariniers à revenir par les voies de terre, rendu de plus en plus onéreux par l'épuisement des forêts et l'élévation graduelle du prix des bois, est la conséquence forcée du mauvais régime de l'Yonne, et cessera avec son amélioration. C'est donc un provisoire sur lequel on ne peut asseoir des calculs pour l'avenir.

prescriptions d'une saine politique, une violation flagrante des lois de l'équité.

« Tous, lit-on dans le rapport, nous sommes d'avis qu'un gou-
« vernement équitable et sage doit, autant que possible, répartir
« entre les contribuables les bienfaits résultant de l'emploi des de-
« niers du trésor. Tous nous pensons que la justice distributive ne
« veut de privilége ni de préférence pour personne; mais nous
« sommes également d'avis qu'une administration raisonnable,
« lorsqu'elle entreprend des chemins de fer, ne doit pas se placer
« dans des conditions telles qu'ils ne puissent pas prospérer. »

Ce n'est pas nous qui contesterons l'exactitude de ces principes, et ce serait assurément une manière trop étroite d'entendre la justice distributive, que de mener les chemins de fer au milieu des parties incultes et inhabitées de notre territoire. On peut subir cette nécessité quand elle est inévitable, comme on l'a fait sur la ligne du Midi au travers du désert de la Crau, sur la ligne du centre entre Orléans et Vierzon, comme on le fera sur celle de Strasbourg quand on devra franchir les plaines de la Champagne; il ne faut pas les créer à plaisir. Ce sont les populations qui payent les impôts et qui alimentent les chemins de fer, ce sont les populations qu'il faut rechercher. Mais à part cette réserve, et quand on a à choisir entre des localités placées dans des conditions de richesse de population à peu près semblables, entre des directions qui présentent des difficultés égales d'exécution, rien ne doit empêcher la mise en pratique des prémisses si bien posées dans le rapport. Que signifient les protestations quand les actes viennent les contredire? *Verba, prœtereàque nihil!*

Quel est, pour les localités traversées, le résultat de l'établissement d'un canal?

Pendant les six à sept années que durent les travaux de la construction, on entretient dans ces localités des milliers de consommateurs étrangers; on y porte une masse considérable d'argent qui s'y dépense en nourriture et vêtements d'ouvriers, en achats de matériaux, qui se répand dans les plus petits canaux de la circulation, qui y reste conséquemment au profit de l'aisance générale, crée des épargnes, des capitaux, de nouvelles industries. L'œuvre une fois achevée, la circulation des marchandises commence. Le tarif mis en vigueur est presque toujours insuffisant pour couvrir les frais annuels d'exploitation, et, à plus forte raison, les intérêts des capitaux dépensés, de sorte que les départements traversés se trouvent ainsi inscrits au budget pour une dotation annuelle considérable. C'est encore de l'argent qui se dépense chez eux, de l'argent que l'on prend dans la poche de leurs voisins pour les enrichir. Le grand abaissement du tarif, en même temps qu'il ouvre aux riverains de vastes débouchés et le plus souvent le marché de Paris, leur apporte pour un prix également modéré les matières premières dont ils manquent, et améliore ainsi d'une double manière la situation de leurs industries vis-à-vis des industries similaires des départements voisins. Le mouvement des bateaux amène des mariniers et des chevaux, attire les acheteurs et les expéditeurs des localités situées dans la sphère d'attraction de la voie d'eau ; ce sont des hommes et des bêtes de trait qu'il faut nourrir et héberger, des marchandises qu'il faut embarquer, débarquer, entreposer. « Déjà (1) les principaux produits de la vallée de la Seine, notamment les fers du Châtillonnais, les bois, les charbons, les grains, « s'inclinent vers le canal de Bourgogne, viennent s'embarquer à « ses différents ports, se déversent dans la vallée de l'Yonne. C'est « la présence du canal qui a créé ces affluents... Il y a à Pouilly un « village qui doit presque entièrement son existence à la proximité « de la voie d'eau. »

Est-ce là ce que la sous-commission nomme le cours naturel des choses, des droits acquis qui justifient de nouvelles faveurs? Est-ce donc à des situations semblables qu'elle fait allusion lorsqu'elle dit : « Les considérations d'équité à l'aide desquelles on voudrait faire « pencher la balance en faveur de la haute Seine, doivent empêcher de dépouiller la vallée de l'Yonne du grand mouvement de « circulation qui s'y effectue... Quels motifs, d'ailleurs, pourrait-il « y avoir de lutter contre la pente naturelle des choses (2) et de

(1) Opinion de la majorité de la sous-commission, rapport de M. le comte Daru, page 135.

(2) Il ne faut pas oublier que la sous-commission raisonne ici sur deux départements dans lesquels l'étendue des travaux de viabilité exécutés *aux frais des trésor* est on ne peut plus différente. Il résulte effectivement d'un tableau placé à la fin du rapport, que, dans l'Yonne, les routes royales ont une longueur de 329 kilomètres, les canaux, 144 kilomètres ; tandis que, dans le département de l'Aube, le développement des mêmes voies de transport est respectivement de 376 kilom. et de 40 kilom.

L'argumentation de la sous-commission paraîtra d'autant plus étrange, que le tracé dont elle recommande l'adoption déshérite précisément la route de Paris à Lyon par Auxerre, Avallon, Ivry ou Autun, qui est celle sur laquelle, aux termes mêmes du rapport de M. Daru, passe la plus grande partie des voyageurs et du roulage pour Lyon; ce qui n'a rien de surprenant, puisque c'est la voie de terre la plus courte.

En tirant une ligne de Châtillon à Avallon, on coupe le tracé de l'Yonne à égale

« créer, à l'aide d'un instrument nouveau, d'une manière artificielle et factice, une distribution nouvelle des richesses qui s'échangent entre les diverses parties d'un même empire ? »

Et qu'on le remarque bien, si l'on donne les chemins de fer aux pays aujourd'hui en possession de canaux, quelle compensation offrira-t-on aux pays dépourvus de voies navigables ? Aucune, absolument aucune. On les bercera d'espérances lointaines qui ne se réaliseront jamais ; on fera briller à leurs yeux des cartes surchargées de couleurs indicatrices des projets qu'on leur tient en réserve ; on renouvellera cette sorte de comédie qui fut jouée en 1821 et 1822, lorsqu'il fut question d'obtenir des canaux pour quelques-uns avec des promesses pour tous. Cependant les chemins de fer s'achèveront près des voies navigables, sous l'action concentrée de ce double moyen d'attraction ; les localités déshéritées verront émigrer de leur sein leurs plus riches industries, se retirer de leurs routes le roulage qui les animait, seront dépouillées des éléments de vie qui leur restent, passeront en quelque sorte du rang de planète qu'elles occupent aujourd'hui, au rôle secondaire de satellite du rail-way ; et, dans quelque dix ans, lorsqu'il s'agira d'appliquer sur le terrain un nouveau mode de locomotion sorti du génie de l'homme, on se prévaudra plus que jamais contre elles de leur pauvreté factice pour les précipiter dans la misère. « Eh quoi ! répétera-t-on une « fois de plus, vous voulez lutter contre la pente naturelle des « choses ; vous voulez dépouiller telle ou telle vallée des mouve« ments d'hommes et de choses dont elle est en possession depuis « si longtemps ; vous allez porter le plus puissant des appareils là « où il n'est pas nécessité par les besoins de la circulation existante. « Les conditions les plus favorables au succès de la voie projetée

distance de ces deux villes. Comment se fait-il donc que l'on trouve, dans tous les états statistiques annexés au rapport, la circulation de la route par Auxerre et Avallon attribuée au tracé du chemin de fer par Tonnerre, lorsque la circulation de la route par Tonnerre n'est pas attribuée au tracé par Troyes ? C'est ce que nous n'essayerons pas d'expliquer. Toujours est-il que l'on ne saurait s'appuyer sur ce que les routes de Tonnerre et d'Auxerre ont une partie commune jusqu'à Joigny, car la route par la Seine entière a aussi une partie commune avec celle par Tonnerre jusqu'à Montereau.

En rétablissant cette distinction, nous eussions annulé le plus grand nombre des arguments présentés par la sous-commission en faveur du tracé par Tonnerre ; mais, comme nous l'avons déjà fait remarquer, c'est sous son point de vue général que nous avons entrepris l'examen du rapport ; nous avons donc discuté les questions de principe qu'il soulève sans nous préoccuper du parti qu'on peut en tirer dans les applications.

« sont d'intérêt public ! » Et c'est ainsi que l'on arrivera à diviser la France, cette terre de l'égalité, en nouvelles Angleterres exploitant de nouvelles Irlandes; c'est ainsi que l'on organisera légalement, logiquement, le plus inique, le plus révoltant de tous les régimes ; c'est ainsi que l'on introduira dans le corps social une de ces règles d'inégal partage qui, dans une moindre association, provoqueraient les justes sévérités des tribunaux!

Que, si au contraire on écarte soigneusement les chemins de fer des lignes de navigation, cessera-t-on pour cela de pourvoir aux travaux d'entretien et d'amélioration des canaux existants? s'arrêtera-t-on dans cette voie de sacrifices qui a successivement inspiré deux abaissements des taxes, aujourd'hui insignifiantes, sur les rivières, la réduction des tarifs des canaux appartenant à l'État, le rachat des actions des lignes concédées pour arriver à des abaissements nouveaux des droits de péage, la suppression du décime de guerre sur les expéditions par eau? Et, quand au moyen de ces mesures collectives soldées par la communauté, on sera parvenu à retenir sur le canal la plus grande partie du mouvement qui le vivifie, et, avec lui, ces déplacements parallèles, ces déversements transversaux d'hommes et de choses signalés par la sous-commission, n'aura-t-on pas offert aux départements traversés une compensation très-sérieuse qui leur permettra d'attendre le moment où ils pourront utilement faire valoir leurs droits?

Se prévaloir d'un mouvement de personnes et de choses, créé avec les deniers publics, pour justifier une nouvelle préférence; poser en principe que les voies de communication s'appellent, se sollicitent les unes les autres, et doivent, en conséquence, être accumulées sur les mêmes points, c'est justifier le monopole de la faveur par le précédent de la faveur; c'est naturaliser sur notre sol quelques-unes de ces inégalités choquantes que la conquête elle-même ne légitime pas et qui préparent le découragement et rompent l'unité du territoire; c'est rétablir, au profit de quelques localités, ce droit d'aînesse que 93 a extirpé du sein des familles. Dieu nous garde d'une telle politique! Alors, alors seulement, et en changeant l'application qu'elle en fait, il conviendrait de dire avec la sous-commission : « Ne pensez-vous pas, messieurs, que ce serait « là une œuvre bien difficile à entreprendre, une lutte bien dan« gereuse à entamer ; et, par-dessus tout, une chose impolitique, « également mauvaise et par l'effet matériel, et par l'effet moral « qu'elle produirait? »

DES TRONCS COMMUNS.

Nous ne sommes pas de ceux qui considèrent les travaux publics utiles comme une dépense, et nous nous effrayons peu des larges déboursés que leur prompte réalisation exige, si leur mise en activité doit faire rentrer dans les poches des contribuables une somme de beaucoup supérieure aux intérêts des capitaux dépensés par l'État.

Nous croyons, d'ailleurs, qu'il est toujours possible de rendre productive une grande ligne de chemin de fer, convenablement choisie, en proportionnant les dépenses de son exécution aux revenus qu'on en peut espérer. Aussi avons-nous toujours insisté pour l'émission d'un emprunt spécial qui nous aurait mis en mesure de terminer en peu d'années et d'achever, par les mains de l'État, ces créations fécondes que nous commençons à peine aujourd'hui.

Mais il ne s'agit point ici des idées d'un individu, mais de celles qui prédominent dans le pays, de celles qui prévalent dans les conseils du pouvoir exécutif, dans les deux chambres. Ces dernières se trouvent fort nettement résumées dans le chapitre 3 de l'estimable ouvrage de M. le comte Daru sur les applications de la loi du 11 juin :

« On paraît généralement admettre que le trésor public peut « consacrer à la construction des chemins de fer une somme an- « nuelle de 30 millions, sans préjudicier aux travaux et aux néces- « sités d'un autre ordre que nous n'avons pas besoin d'énumérer. « Le gouvernement, qui centralise entre ses mains l'administration « de tout le pays, qui, dans sa position élevée, impartiale, pondère, « balance équitablement tous les intérêts, a pensé qu'il était pos- « sible d'entreprendre l'exécution de nos rail-ways sur une aussi « grande échelle ; et, quoique cette somme nous paraisse considé- « rable, nous sommes bien obligés de nous en rapporter à lui.

« .... Toutefois, il ne faut pas l'oublier, notre situation finan- « cière présente aujourd'hui un déficit considérable. Nos canaux, « nos chemins de grande et de petite vicinalité exigent, et exige- « ront longtemps encore l'emploi des fonds qui y sont annuelle- « ment affectés. Enfin, il ne faut pas oublier qu'il s'agit de placer « (en empruntant l'expression de M. le ministre des finances) des

« sommes que nous ne possédons pas et que nous demandons au « crédit. Or, comme il y a une limite au crédit ; comme la faculté « de faire des emprunts est bornée par les ressources des prêteurs, « et par la nécessité où se trouve tout gouvernement prévoyant « et sage de ne pas tendre un ressort si facile à rompre, nous « sommes obligés de reconnaitre, quoi qu'en disent les esprits qui « se montrent aujourd'hui si impatients d'arriver au but, que la « France n'est pas assez riche pour exécuter en peu d'années « mille lieues de rail-ways. Cela est une immense entreprise ; « elle exige de grands efforts et, par conséquent, du temps.

« Or, il ne faut pas se le dissimuler, ce serait se flatter étran« gement que de concevoir l'espérance d'achever sans trouble une « œuvre qui demande, pour son accomplissement, la longue suc« cession de vingt ou trente années de travail.

« Ainsi nous sommes nécessairement limités dans nos concep« tions par deux choses, l'argent et le temps. Nous avons dit que « l'on ne pouvait employer à la création des chemins de fer plus « de 50 millions par an, lesquels font, pendant dix ans, si « l'on veut admettre ce chiffre comme raisonnable, une somme « de 500 millions. Et en supposant que l'industrie privée, à la« quelle on demande, d'après le mécanisme de la loi, de four« nir les rails et les locomotives, puisse répondre à cet appel et « consacrer au même emploi une somme correspondante à sa « participation dans le travail, soit 35 millions chaque année, on « arrive à un capital de 850 millions qui représente le maximum « des ressources disponibles de notre pays pour l'œuvre qu'il s'a« git d'entreprendre. Encore, remarquons-le bien, en regardant « comme des ressources certaines de simples éventualités précai« res, douteuses et subordonnées aux circonstances (1). »

(1) « Nous avons dit que le chiffre de 50 millions fixé par le gouvernement nous « paraissait considérable. En effet, le trésor et les compagnies puiseront, en définitive, « à la même source les capitaux qu'ils emprunteront. On suppose que l'ensemble « de ces capitaux pourra s'élever à 85 millions, chaque année pendant dix « ans ; et cependant, un ministre des finances, M. Humann, disait en 1839, que « l'épargne annuelle de la France pouvait être évaluée à 60 millions seulement. En « outre, on voit dans ce moment même avec quelle difficulté un emprunt de 150 mil« lions, se place et la grande quantité de titres qui restent, pendant de longues années, « entre les mains des souscripteurs primitifs ; enfin, tout le monde sait de quel poids « a pesé, pendant quatre ans, sur la place de Paris, l'émission de 100 millions d'actions « de chemins de fer, faite en 1838 et 1839. Il est donc permis de douter que la somme « ci-dessus déterminée puisse être en effet réalisée, par le trésor et par l'industrie pri« vée, dans un si court espace de temps. » (Note de M. Daru.)

Depuis la publication de l'ouvrage de M. Daru, des conventions ont été passées avec les compagnies ; ces conventions démontrent qu'aux conditions qu'on lui impose, l'industrie privée, si on a recours à elle, dépensera 160,000 fr. par kilomètre au lieu de 125,000 fr., de sorte que la somme qu'absorberont nos 4,000 kilomètres de chemins de fer s'élèvera à 1,340,000,000 fr. Si donc nous ne pouvons, en mettant tout au mieux, demander à l'épargne plus de 850 millions en dix années, nous sommes amenés à conclure qu'en conservant à notre réseau son développement actuel, nous risquons grandement de ne voir jamais le terme du grand travail que nous commençons aujourd'hui.

Dans cette situation, que doit faire un gouvernement équitable et éclairé ? Rechercher avec une scrupuleuse attention les moyens d'atteindre le but qu'il s'était proposé : doter la France d'un réseau complet de lignes internationales, relier entre elles et à la capitale intellectuelle et administrative de la France nos grandes métropoles frontières, nos grands centres de population intérieurs, en réduisant autant que possible la dépense d'exécution de chacune des lignes, en combinant ces lignes de telle manière que l'ensemble de leur revenu direct et indirect soit le plus considérable possible, afin que les capitaux engagés sous forme de terrassements, de maçonnerie et de rails, se reproduisent le plus vite possible sous forme d'intérêts et d'amortissement, et viennent s'offrir pour de nouvelles créations.

De là la pensée des troncs communs, sortes de termes moyens qui permettent de donner à deux lignes distinctes une certaine étendue de parcours commun, de réunir sur un même tracé le mouvement commercial qui se serait distribué entre deux entreprises distinctes, et qui eût souvent été insuffisant pour les alimenter toutes les deux.

La pensée des troncs communs n'est pas née d'hier et n'a pas été inventée pour nous. C'est à d'heureuses combinaisons de cette nature que l'Angleterre, que la Belgique, que l'Allemagne, doivent le succès qui a couronné leurs premiers efforts. Que sont les chemins de fer de Londres à Birmingham, de Grand-Junction, de Liverpool à Manchester, de North-Union, de Bruxelles à Malines, à Gand, à Soignies, de Berlin à Cothen, de Vienne à Lundenbourg et à Olmutz, sinon des troncs communs parfaitement caractérisés ? Lorsque vint, en 1836 et 37, la fièvre des spéculations de rail-ways, nos voisins les Anglais se laissèrent aller à la pensée plus séduisante que sage de posséder des routes directes ; on décida alors la construction d'un chemin rectiligne sur le nord-est, par Cambridge, Peterborough, Lincoln, York et Newcastle ; d'un chemin direct sur les provinces centrales, par Leicester, Chesterfield, Sheffield et Leeds. Manchester devait avoir son rail-way direct, qui, partant de Rugby, laissait à l'écart Birmingham ; Bristol était réuni à Liverpool par une ligne droite. Les compagnies étaient formées et les travaux commencés. Une crise providentielle arriva à temps pour prévenir l'accomplissement de toutes ces folies, mais non pas assez tôt pour empêcher qu'elles n'eussent reçu un commencement d'exécution. Là où les lignes directes ont été construites, quels résultats a-t-on obtenus? On a diminué les recettes des troncs communs, mais a-t-on créé de bonnes opérations nouvelles? La triste situation des compagnies de *Manchester-Junction*, *Midland-Counties*, *North-Midland*, de *Birmingham* à *Gloucester*, est à cet égard la meilleure de toutes les réponses. Aussi n'avons-nous pas été étonnés de voir les Anglais revenir à ce système, lorsque, dans ces derniers temps, il a été question de statuer sur la direction que devrait suivre le chemin de Peterborough. Après une longue et sérieuse discussion, et malgré les oppositions réunies des représentants du comté de Cambridge et des entrepreneurs du rail-way de Northern et Eastern, le parlement a décidé que le chemin de fer aboutissant à Peterboroug viendrait s'embrancher sur le rail-way de Londres à Birmingham.

On se fait généralement une idée fort incomplète des économies que l'on doit attendre de la multiplication des troncs communs. Bien des personnes s'en tiennent à comparer entre eux les frais de première exécution, le développement des lignes à construire dans ce système et dans celui des lignes directes ; mais ce n'est là assurément que le moindre côté des questions de cette nature.

Trois points étant donnés comme aboutissants d'un chemin de fer, Paris, Lille et Calais, par exemple ; ou bien encore Paris, Strasbourg et Lyon, on peut employer deux systèmes pour les réunir. — Se contenter de mener de l'un à l'autre des lignes droites qui formeront alors un triangle et donneront les rail-ways de Paris à Calais par le littoral, de Paris à Lille et de Lilleà Calais ; ou chercher un point intermédiaire qui, réuni successivement à chacun des aboutiseants, formera une figure semblable à l'Y.

On ne peut dire d'une manière générale quelle longueur de développement on aura évitée, quelle économie de première construction on réalisera. C'est par la connaissance des localités intermédiaires, par l'étude économique des besoins à desservir, par l'inspection de la configuration du sol, que l'on arrivera, dans chaque cas particulier, à préciser la situation du centre de convergence. Tant est-il toujours que, suivant toute probabilité, on obtiendra une notable économie dans les frais de première construction.

Qu'adviendra-t-il dans les résultats de l'exploitation? Tel est le point important à examiner.

Ce n'est pas aux cas spéciaux que nous avons choisis, et à plusieurs autres faciles à trouver chez nous, par exemple, le tronc commun destiné à former la tête des chemins de Nantes, de Bordeaux, de Toulouse, et sans doute aussi, par la suite, de Lyon, appelé chemin de Paris à Orléans, que peut s'appliquer cette observation purement spéculative de la sous-commission : « Ce serait, en effet, une assez singulière économie ; et le soin que l'on « prendrait des intérêts du trésor serait assez mal entendu, si l'on « proposait de substituer à deux entreprises fructueuses, capables de payer leurs frais de construction, une ligne unique passant à travers les pays inhabités, et dans lequel les capitaux mal « engagés resteraient stériles. Qui de nous, messieurs, considérerait comme une opération raisonnable de faire une dépense de « 500,000 fr., par exemple, en pure perte, aux lieu et place d'une « simple avance de 150,000 fr. productifs d'un bon intérêt? Evidemment on s'appauvrit au lieu de s'enrichir avec de pareilles « économies. »

En général, pour ne pas dire toujours, l'adoption du principe des troncs communs produira un effet directement contraire, parce qu'elle réunira sur une ligne unique la circulation qui se fût éparpillée sur plusieurs lignes distinctes. Il faut bien remarquer, en effet, qu'en appliquant ce mode de tracé à la réunion de trois points, on fait servir chacune des lignes à deux buts parfaitement distincts ; on crée donc par le fait, non pas un, mais trois troncs communs. Ainsi, par exemple, en prenant Troyes pour point de bifurcation de deux rail-ways dirigés, l'un sur Strasbourg, l'autre sur Lyon, on réunit sur la branche menée de Paris à Troyes, non-seulement les voyageurs propres à cette ligne, mais tous ceux qui se rendent sur un point quelconque situé dans la sphère d'attraction des deux lignes de Troyes à Strasbourg et de Troyes à Lyon ; nous en dirons autant de la branche de Lyon à Troyes, qui devient dès lors la route de Paris, de Châlons-sur-Marne, de Verdun, de Nancy, de Metz ; de celle de Strasbourg à Troyes, sur laquelle viennent affluer les voyageurs de la Lorraine à destination de Paris, comme ceux à destination de Dijon, de Châlons, de Lyon. Nous eussions pris la ligne du Nord ou celle du Midi, que le raisonnement eût été absolument semblable. Ainsi on s'attribue toute la circulation à grande et à moyenne distance dans trois sens distincts, et on ne perd rien de la circulation partielle, si l'on a soin de toucher les grands centres de population et d'industrie (1).

C'est surtout quand on les formule en chiffres, qu'apparaissent dans toute leur étendue les avantages qu'on doit retirer de ces accroissements de circulation, dans la détermination des tarifs.

Sur les chemins de fer le tarif se compose, comme chacun sait, du péage, élément représentatif des frais d'entretien de la voie, des frais généraux d'administration, des intérêts et de l'amortissement des capitaux engagés, et du transport qui représente toutes les dépenses relatives à la locomotion.

Les dépenses d'entretien de la voie et les frais généraux, sur une grande ligne bien assise et bien administrée, sont de 5,000 fr. par kilomètre. Pour que l'État retire 2 pour 100 seulement des capitaux qu'il engage dans les chemins de fer, il faut, aux termes des derniers contrats passés, que les fermiers prélèvent d'abord 10 pour 100 des sommes par eux déboursées, soit 16,000 fr., puis qu'ils prélèvent encore la moitié du bénéfice excédant, qui devrait être alors de 6,000 fr. au moins pour chaque kilomètre de longueur. Total du produit à obtenir par kilomètre courant : 27,000 fr.

Cette somme serait recouvrée avec les péages suivants :

Pour une circulation de 100,000 voyageurs : 27 centimes par personne et kilom.
— Id. — 200,000 — id. — 13 cent. 1/2 — id. —
— Id. — 300,000 — id. — 9 cent. — id. —
— Id. — 400,000 — id. — 6 cent. 3/4 — id. —

Les dépenses de transport varient en raison des distances parcourues, mais sont indépendantes de la charge des trains dans les

(1) Voir page 77.

limites ordinaires de la pratique, c'est-à-dire qu'un convoi de voyageurs. moyennement chargé de 90 à 120 personnes, peut recevoir deux fois autant de monde sans augmentation perceptible de frais. En prenant 1 fr. 60 pour prix du kilomètre parcouru, on voit que l'élément du transport subira, avec la charge, les modifications suivantes :

Avec une moyenne de	50 voyageurs :	3 cent. 2/10 par personne et kilomètre.					
—	Id.	—	100	— id. —	1 cent. 6/10	—	id —
—	Id.	—	150	— id. —	1 cent. 7/100	—	id. —

De sorte que, par exemple, si une ligne fréquentée par 200,000 voyageurs devait recevoir 100,000 voyageurs supplémentaires par la création d'un tronc commun, ce nombre additionnel portant à 150 personnes la moyenne des voyageurs par train au lieu de 100 qu'elle était précédemment, la recette moyenne à obtenir de chaque voyageur descendrait de 15 à 8 centimes; mais ce n'es pas tout : l'établissement des troncs communs, pour relier trois points, diminue le développement total des lignes de jonction. Cette diminution ne fût-elle que de 25 pour 100, il y aurait lieu de réduire, dans la même proportion, l'élément représentatif des dépenses d'entretien, d'administration et des intérêts de première mise de fonds, en sorte que la recette moyenne à obtenir dans le cas des jonctions triangulaires restant de 15 centimes, celle qui suffirait aux tracés communs ne serait plus que de 6 centimes et un quart.

Un raisonnement en tout semblable s'appliquerait au tarif sur les marchandises, à cette différence près que, pour ce dernier, l'élément du transport resterait à peu près fixe dans tous les cas, et serait de 3 centimes.

Dans une situation correspondante à celle que nous venons de retracer, la somme à recevoir par tonne et par kilomètre serait de 16 centimes et demi pour le cas des lignes distinctes, et de 9 centimes pour celui des troncs communs.

Mais un abaissement de tarif de 9 centimes sur les personnes, de 7 centimes sur les choses, n'aurait pas seulement pour résultat de procurer aux 300,000 unités passant sur chaque kilomètre une épargne de 21,000 et de 27,000 fr., il ouvrirait l'usage du chemin de fer à une nouvelle classe de la société, à une nature de marchandises qui eussent été infailliblement écartées par des tarifs plus élevés. Il déterminerait donc ainsi la création de nouvelles richesses.

Bien que formulées en termes généraux, ces règles n'ont assurément rien de spéculatif, et l'on peut aisément s'en convaincre en prenant un exemple particulier quelconque, et plus encore en acceptant, dans son ensemble, les conclusions de la sous-commission d'enquête relatives au tracé des chemins de l'Est.

Ces conclusions peuvent se résumer ainsi :

Établissement d'un chemin de fer direct de Paris à Strasbourg, par la vallée de la Marne.	507 kilom.
Etablissement d'un chemin de fer direct de Paris à Châlons, par la vallée de l'Armançon.	354
Embranchement partant de Montereau pour aboutir à Troyes.	97
Chemin de fer de Paris à Strasbourg par Mulhouse.	348
Total.	1,306 kilom

Tandis que par la combinaison du tronc commun on aurait :

Branche de Paris à Troyes par les plateaux.	165 kilom.
Id. de Troyes à Strasbourg.	360
Id. de Troyes à Dijon.	158
Développement total.	683 kilom.

Aux termes de la concession du chemin d'Avignon, et pour que l'État obtînt 2 pour 100 des capitaux par lui dépensés, il faudrait que le produit fût, dans les deux cas (1),

Système de la commission : péage.	35,268,000
Transport.	9,152,448
	44,420,448
Système du tronc commun : péage.	18,441,000
Transport.	3,047,988
	21,488,988

De sorte que pour obtenir des revenus égaux il faudrait que la ligne triangulaire appelât à elle un mouvement de personnes et de choses deux fois plus considérable que la ligne des troncs com-

(1) Le nombre des départs est ici supposé de 6 par jour.

muns, ce qui est matériellement impossible, puisque cette dernière, indépendamment de sa circulation propre, s'attribue non-seulement les transports à grande distance, mais aussi les transports intermédiaires de premier ordre de la ligne triangulaire, ceux qui proviennent de l'influence des grandes villes.

Ainsi il n'est pas douteux que l'on ne dût obtenir sur le tracé des troncs communs des tarifs beaucoup moins élevés. Dira-t-on que cet abaissement des tarifs serait compensé par un allongement des parcours qui en annulerait tous les bénéfices pour le public ? Nous prendrons les chiffres mêmes publiés par la sous-commission supérieure :

Distance de Paris à Dijon.

Ligne dite directe par Sens et Semur.	354
Ligne par Troyes et les plateaux.	322
Ligne par Troyes et la Seine entière.	348

Distance de Paris à Strasbourg.

Ligne directe par la vallée de la Marne.	507
Ligne par Troyes et les plateaux.	524
Ligne par Troyes et la Seine entière.	550

De sorte que le tracé des troncs communs présente ici cela de remarquable, que sur les rayons partant de Paris, il peut être ramené à la même longueur que les lignes directes. Il rapproche également beaucoup Dijon de Châlons-sur-Marne, de Reims, et il conserve Metz et Nancy à la même distance de Dijon, il n'impose donc un grand détour qu'aux voyageurs de Dijon à Strasbourg qui, au lieu de 348 kilomètres, ont 525 kilomètres à franchir. Mais il faut observer que cet allongement offre encore aux voyageurs qui suivent la route de terre une économie considérable de temps et une épargne d'argent très-réelle, puisque le tronc commun aurait permis d'abaisser le prix des places de moitié environ, qu'il ne porte que sur une classe de voyageurs très-peu nombreuse (1).

Nous sommes convaincu qu'en examinant chaque cas particu-

(1) Sur le chemin de fer de Strasbourg à Bâle le nombre des voyageurs qui circulent entre Mulhouse et Strasbourg ne dépasse pas 20,000 par année ; les trois quarts au moins de ces voyageurs appartiennent aux deux villes, de sorte qu'il ne reste qu'un chiffre très-faible pour les voyageurs de transit venant de Dijon.

lier, on arrivera presque toujours à reconnaître qu'au moyen des troncs communs il est facile de satisfaire, dans une juste mesure, les grands intérêts nationaux que les pouvoirs publics ont voulu desservir, quand ils ont voté la loi du 11 juin ; de les satisfaire dans la mesure de leur utilité, en n'allongeant les parcours que là où la circulation est faible, où elle n'a qu'une importance secondaire.

Nous aurions voulu entrer davantage encore dans la question pratique ; mais, pour le faire d'une manière utile, nous aurions besoin de posséder des documents authentiques sur la circulation aujourd'hui existante sur les diverses lignes ; ces documents manquent absolument. Dans le cas spécial des chemins de fer de l'Est, la sous-commission n'ayant pas jugé à propos d'étudier les résultats que donnerait le tronc commun, nous trouvons dans ses tableaux des lacunes essentielles, nous y rencontrons en même temps des appréciations qui nous paraissent plus que contestables. Ainsi :

1° La commission raisonne toujours comme si le chemin de fer de Paris à Strasbourg n'était pas non-seulement classé, mais décrété. Or des fonds ont déjà été affectés à son exécution, et les travaux sont en cours d'exécution entre Hommarting et Strasbourg. Il faut donc immédiatement supprimer 18,039 voyageurs, sur toute la distance, portés au profit de la ligne de l'Yonne comme se rendant de Strasbourg à Paris par Dijon, et rétablir à 12,467 le nombre des voyageurs partant de Metz et de Nancy, réduits à 8,514 par la sous-commission.

2° L'adoption du tronc commun amènerait sur la ligne de la Seine tous les transports de roulage qui s'effectuent entre Paris et Châlons-sur-Marne, Bar-le-Duc, Metz, Nancy, Strasbourg ; les statistiques publiées par la sous-commission ne disent rien de ces transports.

3° Troyes et les usines métallurgiques du Châtillonnais consomment annuellement 30,000 tonnes de combustible minéral. Cette houille, ainsi que l'on peut s'en convaincre en jetant un coup d'œil sur la carte publiée en 1839 par le corps des ingénieurs des mines, a été déplacée de sa route naturelle par l'ouverture du canal de Bourgogne, qu'elle suit aujourd'hui jusqu'aux points les plus rapprochés de Troyes et de Châtillon : que le chemin de fer soit exécuté, et elle lui reviendra immédiatement. C'est donc une fraction du tonnage du canal qui doit être portée au compte du rail-way de la Seine.

4° « On doit faire observer, » lit-on dans la colonne *observation* du tableau, p. 228, « qu'il existe entre Mussy, Châtillon, Troyes et « même Nogent, un mouvement considérable de pierres de con« struction dont il a été impossible de constater le tonnage. » Nous comprenons ce que la détermination d'un semblable élément peut avoir de délicat; mais ce que nous ne comprenons pas, c'est que, pour éviter une difficulté, on ait tout simplement supprimé une des pièces du procès. Ou il fallait faire un dépouillement complet, ou il fallait n'en pas faire du tout.

On devait d'autant plus s'attacher à tenir compte de ces mouvements de pierre, que l'on était certain de les voir se multiplier dans une proportion considérable à la suite de l'achèvement du chemin de fer.

5° Le tracé des troncs communs aurait pour résultat d'établir entre les grandes cités de la Franche-Comté, de la Champagne, de la Lorraine et de l'Alsace des communications rapides et multipliées qui amèneraient infailliblement un mouvement, aujourd'hui insaisissable, de voyageurs et de marchandises.

On en trouve un exemple très-frappant en Belgique. Avant l'exécution du chemin de fer dans ce pays, les mouvements des hommes et des choses, entre Bruxelles, Anvers, Louvain et Gand, s'effectuaient au moyen de quatre routes directes formant un quadrilatère. La route de Bruxelles à Gand passait par Alost, celle de Gand à Anvers par Lokeren et Saint-Nicolas, celle de Bruxelles à Louvain par Cortenberg, enfin celle de Louvain à Anvers passait par Malines.

Le principe du tronc commun ayant été adopté, on fit un chemin unique de Bruxelles sur Malines, et on dirigea alors de cette ville des rayons sur Anvers, Gand, Louvain. On délaissa donc la route de Bruxelles à Louvain, celle de Bruxelles à Gand, celle de Gand à Anvers; mais en même temps on ouvrit entre Malines, Termonde et Gand, Gand, Termonde et Louvain, et les stations secondaires de ces lignes, des moyens de déplacement faciles et multipliés qui n'existaient pas.

Les ingénieurs belges furent appelés comme nos ingénieurs à évaluer le mouvement de voyageurs que l'on devait espérer, et on lit dans leur avant-projet : « Les renseignements recueillis sur la « statistique commerciale de Bruxelles et d'Anvers, avec Gand et « les Flandres, permettent d'établir le calcul des revenus proba« bles de la manière suivante (pages 88 et 74) :

Entre Bruxelles et Gand.	60,000	personnes.
Id. Anvers et Gand.	55,000	
Id. Malines et Termonde.	5,000	
Id. Termonde et Gand.	5,000	
Id. Malines et Anvers.	74,000	
Id. Malines et Bruxelles.	75,000	
Id. Bruxelles et Louvain.	85,000	
Id. Malines et Louvain.	19,000	

Ainsi les relations de Malines avec Gand et avec Termonde, et les stations secondaires voisines, ne figuraient que pour 5,000 voyageurs; et celles de Termonde et de Gand avec Louvain, de Bruxelles avec Termonde et avec les stations secondaires voisines, des stations secondaires entre elles, avaient échappé en Belgique, comme en France, à la statistique, et ne figuraient que pour mémoire dans les devis.

Qu'est-il arrivé cependant ?

Ces relations de Malines avec Termonde et avec Gand, évaluées à 280,000 voyageurs portés à 1 kilomètre, ont donné, en 1841, 4,551,000 voyageurs à 1 kilomètre.

Ces relations de Louvain avec Termonde et Gand, de Bruxelles avec Termonde, qui ne figuraient que pour mémoire, ont donné, dans leur ensemble, 3,265,000 voyageurs à 1 kilomètre, de sorte que les relations créées par le choix du tronc commun ont déterminé un mouvement de 7,616,000 personnes à 1 kilomètre, soit 27 fois la circulation sur laquelle on avait cru pouvoir compter.

Là où le chemin de fer n'a fait que suivre les routes existantes, par exemple entre Bruxelles et Anvers, la multiplication a été bien moindre. Ainsi :

On avait constaté entre Bruxelles et Malines une circulation de 75,000 personnes sur toute la distance, soit 1,500,000 voyag. à 1 kilomètre.	1,500,000
et entre Malines et Anvers, une circulation de 74,000 personnes, soit 1,628,000 à 1 kilomètre.	1,628,000
Total. . .	3,128,000

En 1841, la circulation sur ces sections a été de 11,400,000 personnes à 1 kilomètre, soit moins de 4 fois la circulation préexistante.

Il est facile de voir que les relations nouvelles, créées par le tronc commun, ont suivi la loi des populations. En prenant deux points équidistants de Malines, situés l'un sur une des anciennes routes de terre, Louvain, par exemple; l'autre en dehors de ces routes, Termonde; et cherchant le rapport qui existe entre les populations de ces villes et le nombre des voyageurs qu'elles envoient sur le chemin de fer, on trouve :

Que les relations mutuelles de Malines avec Termonde ont fourni 459,000 voyageurs à 1 kilomètre, soit, puisque les populations réunies forment 30,000 âmes (Malines, 22,895, Termonde, 7,655), 15 voyageurs à 1 kilomètre par habitant;

Et que les relations mutuelles de Malines avec Louvain ont fourni 960,000 voyageurs à 1 kilomètre, soit, puisque les populations réunies forment 47,000 âmes (Malines, 22,895, Louvain, 24,342), 20 voyageurs à 1 kilomètre par habitant.

La petite différence qui existe entre ces deux rapports est la conséquence d'une loi que j'exposerai dans le chapitre suivant, et qui montre l'influence spéciale qu'exercent les grands centres administratifs. Louvain, en effet, est un chef-lieu d'arrondissement, tandis que Termonde n'est qu'un chef-lieu de canton.

Il est donc certain qu'il s'établira entre les métropoles de la Champagne, de la Lorraine, de l'Alsace et de la Franche-Comté des relations nombreuses, de grands mouvements d'hommes et de marchandises qui ne figurent pas dans les évaluations de la commission, mais qui ne sauraient être négligés dans l'appréciation équitable de l'utilité des troncs communs.

7° Enfin, nous trouvons exclusivement appliqués au chemin de l'Yonne des mariniers qui appartiennent évidemment à toutes les directions. Après le dépeçage de leurs bateaux, ces mariniers retournent dans la vallée de la Saône en acquérir de nouveaux et chercher de nouveaux chargements. Ils parcourent donc toute la distance de Paris à Dijon. Si on ne les voit figurer qu'à partir de Montereau, c'est évidemment parce qu'ils se rendent dans cette ville par bateau à vapeur. Ces mariniers étant au nombre de 9,000 entre la Roche et Dijon, on doit évaluer à un nombre égal ceux qui parcourent toute la distance et qui appartiennent également à tous les tracés.

Il nous paraîtrait plus rationnel encore de ne les compter au profit de personne, puisque, dans l'état régulier de la navigation auquel nous devons tendre de tous nos efforts, il n'y a pas de dépeçage; cette coutume barbare deviendra d'ailleurs bientôt impossible par suite de l'élévation constante du prix des bois de construction.

8° Enfin nous ne trouvons nulle part, dans les tableaux de la sous-commission, la trace de ces mouvements de marchandises de l'Est à l'Ouest, qui s'effectuent par roulage ordinaire, entre la frontière suisse et la Manche, dont la sous-commission constate l'existence, page 122 du travail de M. le comte Daru, mais dont elle ne donne pas le chiffre.

Ce mouvement, qui s'effectue aujourd'hui par les routes de

Bussang, Epinal et Nancy,
Colmar, Saint-Dié et Nancy,

appartient évidemment au tronc commun.

Or, avec ces inexactitudes et ces omissions, la commission arrive aux chiffres suivants :

Voyageurs sur toute la distance, imputables à tous les tracés.

Route de Paris à Strasbourg.	18,039
Id. d'Auxerre.	54,608
Id. de l'Armançon.	25,564
Id. de la basse Seine.	11,450
Id. du Bourbonnais	9,286
Id. de Mulhouse.	13,773
	133,720

Voyageurs entre Paris et Montereau communs aux deux tracés de l'Armançon et de la Seine entière.

126,563

Voyageurs appartenant spécialement au tracé

de l'Armançon.		*de la Seine.*	
De Montereau à la Roche. .	23,779	De Montereau à Troyes. . .	12,123
De la Roche à Dijon. . . .	9,575	De Troyes à Dijon. . . .	6,325
De Paris à Troyes. . . .	3,299	De Paris à Sezanne. . . .	1,551
	36,453	De Nancy, Metz, Châlons à Paris.	17,944
			37,943

Quant aux marchandises :

Mouvement sur toute la ligne.

	Messageries et voitures en poste.	Fourgons.	Roulage.	Total.
Routes d'Auxerre et de Troyes réunies.	4,088	16,206	53,309	
Route de Troyes.	310	1,825	16,880	
Id. du Bourbonnais.	665	6,300	9,266	
Id. de Mulhouse.	730	9,115	29,300	
Id. de Strasbourg.	584	»	»	
Id. de Besançon par Vesoul. . .	»	»	13,000	
Totaux. . .	6,377	33,446	121,755	161,578

Mouvement commun aux deux tracés.

Paris à Montereau.	1,000	816	24,497	26,313

Mouvement spécial au tracé par Tonnerre.

Montereau à Dijon, par Auxerre et Tonnerre.	357	296	5,658	
Route de Troyes.	95	»	»	
Totaux. . .	452	296	5,658	6,406

Mouvement spécial au tracé par Troyes.

Montereau à Troyes et Châtillon. .	361	»	11,884	
Dijon et Châlons-sur-Marne. . . .	»	1,761	»	
Paris à Châlons-sur-Marne, Bar-le-Duc, Nancy, Metz.	627	»	»	
Totaux. . .	988	1,761	11,884	14,633

En acceptant, sauf rectification, les chiffres donnés par la commission, l'avantage resterait donc déjà au tracé du tronc commun ; mais si l'on tient compte des observations que nous avons présentées, et que l'on retranche du mouvement probable dans la vallée de l'Yonne :

1° Les 18,039 voyageurs appartenants à la ligne de Strasbourg, et qui, dans aucun cas, n'emprunteront le chemin de Tonnerre, tandis qu'ils prendront le tronc commun à Troyes ;

2° Et, par la même raison, les 584 tonnes portées par les messageries à Strasbourg;

Si l'on ajoute, au contraire, au mouvement probable du tracé de la Seine :

1° 9,000 mariniers depuis Montereau jusqu'à Dijon, attribués, par erreur, au seul tracé par l'Yonne;

2° 3,951 voyageurs venant de Metz, volontairement omis par la sous-commission;

3° Les voyageurs se rendant d'un point compris entre Montereau et Lyon à Châlons-sur-Marne, à Bar-le-Duc, à Metz, à Nancy, voire même à Strasbourg et réciproquement;

4° Ces produits du sol et de l'industrie métallurgique, qui, suivant les termes du rapport, se sont inclinés vers le canal, produits considérables, sans doute, puisque aujourd'hui ils dépassent 30,000 tonnes sur la houille seule, savoir :

Houille consommée par les usines du Bourbonnais. . . .	26,400 tonnes.
Id. de St-Etienne consommée par les forgeries de Troyes.	2,000
Id. d'Epinac — id. — id. —	2,500
	30,900 tonnes.

5° Ce mouvement considérable de pierres, signalé par le rapport, mais qui n'a pas été formulé en chiffres précis;

6° Le tonnage du roulage ordinaire sur la route de Strasbourg, tonnage estimé à 180,000 tonneaux sur toute la ligne par une commission législative (1);

Si l'on observe, en outre,

1° Que le tracé par Tonnerre, suivant côte à côte un canal, traverse, comme nous l'avons déjà fait remarquer, des contrées dans lesquelles le bon marché a déjà produit la multiplication des transports, qui en est la conséquence, tandis que cet effet est encore tout entier à produire entre Troyes et Dijon, Troyes, la Lorraine et l'Alsace;

Ainsi nous lisons, page 102 du rapport de M. le comte Daru : « Dans les devis des ingénieurs, on évalue à 40 fr. le mètre cube « de la pierre rendue à Auxerre, et à 90 fr. la pierre rendue à « Troyes. » Cependant Troyes n'est qu'à 7 myriamètres d'excellentes carrières de pierre; mais elle ne peut les obtenir que par le

(1) Rapport de M. le marquis de Dalmatie, fait au nom de la commission chargée de l'examen du projet de loi sur la navigation intérieure, pages 48 et 49.

roulage ; et le prix élevé qui en résulte a fait prévaloir, dans la constuction des maisons de cette ville, un système qui exclut ces matériaux. N'est-il pas évident que le jour où la pierre arrivera à Troyes pour un prix raisonnable, la consommation croîtra dans une énorme proportion ? Nous en disons autant des houilles pour Troyes et surtout pour les usines du Châtillonnais.

Entre Montereau et Dijon, par Tonnerre, et indépendamment des produits qui affluent du canal du Nivernais et de l'Yonne, la sous-commission constate un mouvement partiel qui équivaut à 50,905 tonnes sur toute la distance (tableau n° 14, page 214), et qui s'opère par la voie d'eau, tandis que sur la véritable route de terre de Lyon, qui passe par Auxerre, et qui est de beaucoup la plus fréquentée, le mouvement partiel qui s'effectue par roulage ordinaire ou par accéléré n'atteint pas 4,000 tonnes. Peut-on contester que ce grand mouvement partiel ne soit dû à l'abaissement du prix des transports amenés par la voie d'eau, et qu'un chemin de fer qui ferait pour l'Aube et le Châtillonnais ce que le canal a fait pour l'Yonne ne donnât des résultats du même ordre?

Cette assertion est encore confirmée par l'expérience des chemins de fer existants, sur lesquels on observe toujours un parcours partiel de marchandises très-considérable : ainsi, en Belgique, sur 100,825 tonnes transportées en 8 mois, 6,840 tonnes ont seules parcouru plus de 125 kilomètres. Le parcours moyen des 94,000,000 tonnes restantes est inférieur à 50 kilomètres (1) ;

2° Que toute amélioration dans les turifs, dans la tenue d'eau, dans la durée des chômages, dans l'état des chemins de halage qui tournerait au profit de la navigation, aurait pour résultat d'enlever au chemin de fer par l'Yonne quelques-uns de ses transports intermédiaires, ce qui n'aurait pas lieu si l'on adoptait le tracé par Troyes ;

3° Que s'il est tout à fait déraisonnable de se placer dans l'hypothèse de la non-exécution du chemin de Strasbourg, ligne politique de premier ordre, déjà commencée et même plus avancée que ne l'est le chemin de Lyon, on peut, sans manquer de respect à la loi du 11 juin, aujourd'hui surtout que l'on a la mesure de la valeur des chemins de ceinture accolés aux canaux, par l'expérience du chemin de l'Alsace, admettre que la partie du chemin transversal de Dijon à Mulhouse comprise entre Mulhouse et Besançon ne sera

(1) Rapport sur les chemins de fer, page 29.

pas achevée avant quinze ans ; qu'alors, et jusqu'à cet achèvement, les transports sur Mulhouse s'effectueraient tous par Troyes et Strasbourg; qu'ainsi la ligne isolée perdrait les 13,775 voyageurs et les 29,300 tonnes se rendant à Mulhouse, qui lui sont attribuées, et qui suivraient le tronc commun ;

On arrivera à conclure qu'en admettant sur la ligne isolée une circulation inférieure d'un tiers à celle qui se produirait sur le tronc commun, nous ne faisons rien qui ne soit parfaitement probable ; conséquemment, que le tronc commun pourra transporter les hommes et les choses à 50 pour 100 meilleur marché que les lignes isolées formant un tracé triangulaire.

DE L'INFLUENCE QU'EXERCE SUR LA CIRCULATION LE MODE D'AGGLOMÉRATION DES POPULATIONS TRAVERSÉES.

Non-seulement la sous-commission a proposé de laisser Troyes en dehors de la ligne principale de Paris à Lyon, mais elle a recommandé de la manière la plus vive la percée de Mont-Afrique entre Pont-d'Ouche et Beaune, de manière à laisser aussi Dijon à l'écart.

Sur ce point, la sous-commission est donc en désaccord complet avec la commission parlementaire chargée de l'examen de la loi du 11 juin, et qui disait, par l'organe de M. Dufaure : « Le chemin peut surtout se détourner de la ligne droite pour aller trouver les grands centres de population agglomérée. Ce que nous avons dit des grandes villes extrêmes(1) s'applique aux villes intermédiaires ; c'est toute la partie du territoire qui les entoure que l'on dessert en les touchant. »

On lit, en effet, à la page 116 du rapport de M. le comte Daru :

« Constatons les faits. Nous allons voir que, par exemple, dans « la vallée de la Seine, de Troyes à Montereau, la population est

(1) Voici le passage auquel se réfère ce passage du rapport :

« Diriger nos grandes lignes vers nos frontières de terre et de mer, telle est donc « notre première règle générale de classement.

« Là nous choisissons un de ces points qui, par les circonstances naturelles, ou poli- « tiques, sont devenus peu à peu de grands centres de population agglomérée. Lille, « Strasbourg, Lyon, Marseille, Bordeaux, Nantes, sont comme les capitales des dé- « partements qui les environnent. Leur donner le bienfait des chemins de fer, c'est « doter autant qu'il est en nous toutes les parties du territoire qui sont dans le rayon « de leur influence, qui vivent de leur vie, qui souffrent ou grandissent avec elles. »

« agglomérée autour de Troyes et de quelques points principaux ; « qu'elle est, au contraire, dans la vallée de l'Yonne, très-éparpillée.

« Qu'allons-nous en conclure ? Nous déclarons qu'il nous est « absolument impossible de dire si la circulation partielle sera plus « ou moins alimentée, à nombre égal d'individus, suivant le plus « ou moins de concentration des populations. C'est un fait sur lequel « l'expérience seule peut prononcer. »

Consultons donc l'expérience pour voir de quel côté est la vérité.

Dans un rapport publié récemment, nous avons dressé sur pièces officielles plusieurs tableaux de la circulation des voyageurs sur quelques grandes lignes de rail-ways prises indistinctement en Angleterre, en Belgique, en Allemagne. Ces lignes sont de celles qui traversent des contrées riches et peuplées, qui touchent des agglomérations nombreuses de troisième et de quatrième ordre et qui les desservent par des stations : le Grand-Junction avec ses 25 stations et les trois villes extrêmes, Birmingham, Liverpool, Manchester ; le chemin de fer de Cologne à Aix-la-Chapelle avec 10 stations ; le chemin de fer belge qui compte 53 stations.

Or, en séparant le mouvement des voyageurs résultant de la présence des grandes villes, soit par suite de leurs relations réciproques, soit par suite de leurs relations avec les villes d'un ordre inférieur, on arrive aux résultats suivants :

Sur le rail-way de Birmingham à Liverpool et à Manchester, les relations de ces trois grandes villes entre elles, et avec les stations intermédiaires, forment les 12/13 de la recette, et fournissent les 7/9 de la circulation.

Sur le chemin de Cologne à Aix-la-Chapelle, les deux villes extrêmes, par leurs relations réciproques et par leurs rapports avec les stations intermédiaires, donnent les 9/11 de la circulation et les 11/12 de la recette.

Sur le chemin de fer belge, les relations réciproques de sept grandes villes, Bruxelles, Malines, Anvers, Gand, Bruges, Louvain et Liége, entre elles et avec les 46 stations de deuxième et de troisième ordre, donnent les 7/8 de la circulation et les 15/16 de la recette.

Même résultat sur le chemin de fer de Leipzick à Dresde.

Ces premières observations font assurément pressentir toute l'importance des grands centres de population ; mais il faut arriver à quelque chose de plus précis, et c'est dans ce but que nous avons entrepris un nouvel ordre de recherches.

Conservant toujours la classification que nous avions adoptée quant à la circulation des personnes :

Relations des grands centres de population entre eux ;

Relations de ces grands centres avec les agglomérations d'un ordre inférieur ;

Relations des agglomérations d'un ordre inférieur entre elles.

Nous avons cherché à déterminer le rapport qui existe entre la population des localités traversées et le nombre des voyageurs qu'engendre chacune de ces relations, et afin de tenir compte des distances parcourues, nous avons pris le produit par tête pour mesure du nombre des voyageurs.

En Belgique, six villes, chefs-lieux de province ou d'arrondissement, traversées par le chemin de fer en 1841, avaient seules une population supérieure à 20,000 âmes ; nous en avons formé un groupe à part en y ajoutant Liége, encore éloigné cependant de 5 kilomètres du rail-way, et prenant pour base les résultats du dernier recensement(1), nous avons réuni leurs populations agglomérées qui forment un total de 461,804 âmes y compris les faubourgs.

Parmi les 46 autres stations, on distingue une ville de 19,000 âmes, quatre villes de 7 à 9,000 âmes, six villes ayant de 6 1/2 à 4,000 âmes ; enfin deux villes qui sont placées dans une zone de 5 kilomètres auprès du chemin de fer, et qui viennent aboutir à des stations de deuxième ordre, ont des populations de 13,200 et de 14,774 âmes. Nous ne prenons ces dernières que pour les deux tiers de leur population, afin de tenir compte de leur écartement du rail-way. Population totale des 46 stations, 157,039 personnes.

Les relations réciproques des sept grandes villes ont donné au chemin belge, en 1841, 2,060,000 fr. ainsi décomposés :

Relations de Bruxelles avec les six autres villes.		678,000 fr.
Id.	de Malines.	130,000
Id.	d'Anvers.	580,000
Id.	de Gand.	282,000
Id.	de Bruges.	111,000
Id.	de Louvain.	147,000
Id.	de Liége.	272,000
		2,060,000 fr.

(1) *Statistique générale de la Belgique*, 1841.

qui, obtenus d'une population de 461,804 personnes, donnent une moyenne de 4 fr. 50 par habitant.

Les mêmes grandes villes, dans leurs relations avec les 46 stations de second ordre, ont donné un revenu de 1,805,000 fr.

Ce résultat, rapporté à une population de 618,843 personnes (461,804 X 157,039), donne, par habitant, un peu moins de 3 fr. (1).

Les 47 stations de second ordre ont donné, par leurs relations mutuelles, un revenu de 251,000 fr., qui, répartis entre 175,000 personnes, donne une moyenne de 1 fr. 60 par tête.

N'est-il pas clair, d'après cela, que ce sont les populations agglomérées dans les centres politiques et commerciaux qui sont les plus utiles aux chemins de fer? Non-seulement elles déterminent des mouvements multipliés d'approvisionnements de bouche qui se trouvent et se consomment sur place dans les villages et dans les campagnes, mais elles fournissent la plus grande partie du revenu sur les voyageurs.

Ce serait donc commettre une erreur impardonnable que de laisser à l'écart Troyes et Dijon, chefs-lieux de département, anciens chefs-lieux de province, centres politiques et commerciaux des départements qui les environnent, dans le tracé du chemin de fer de Paris à Lyon.

Pour justifier autant que possible cette conclusion, nous avons pris le chemin de fer de Bruxelles à Liége, qui, avec la branche de Saint-Trond, a une longueur de 118 kilomètres, et nous avons supposé qu'au lieu d'établir un tronc commun par Malines, le gouvernement belge eût choisi la ligne directe qui laissait cette dernière ville à l'écart, et nous avons trouvé que sur 775,000 voyageurs et 1,119,000 fr., produit total du mouvement des personnes sur cette section, on aurait, pour une égale densité des populations traversées, diminué le revenu de 275,000 fr. Continuant cette supposition, nous avons admis que l'amour des lignes directes eût été poussé plus loin chez nos voisins les Belges et que l'on eût dirigé sur Tirlemont la ligne de Liége, laissant Malines et Louvain à l'écart. On aurait encore diminué le revenu du chemin de Liége de 230,000 fr., de sorte que la suppression de deux villes intermé-

(1) Pour cet élément de la circulation et pour celui qui suit nous avons pensé inutile de donner le détail qui se trouve à la page 100 de notre rapport au ministre des travaux publics.

diaires, ayant ensemble une population de 48,105 âmes, et placées à peu près comme Troyes et Dijon sur le chemin de fer lyonnais, eût réduit à 614,000 fr. le produit des voyageurs ; cependant, il faut bien le remarquer, ni Malines, ni Louvain ne sont des chefs-lieux de province, des centres administratifs de premier ordre.

Le même mode d'opérer, appliqué au chemin de fer de Strasbourg à Bâle, conduit aux mêmes résultats.

En supprimant Mulhouse (population 20,129 habitants) et Colmar (population 16,000), on aurait réduit *des deux tiers* la recette effectuée sur les voyageurs qui ont alimenté ce chemin en 1841.

Et que l'on ne vienne pas dire qu'avec des villes extrêmes beaucoup plus populeuses, comme Paris et Lyon par exemple, ces proportions seraient altérées, car si la circulation générale se trouvait augmentée par une telle modification, la circulation spéciale des grands centres intermédiaires avec ces extrêmes subirait un accroissement proportionnel ; ainsi, les relations mutuelles de Malines et de Louvain avec les points extrêmes qui donnent aujourd'hui 357,000 fr., soit un quart du produit total, resteraient proportionnelles à la somme des populations agglomérées de Bruxelles, Malines, Louvain et Liége, et augmenteraient comme cette somme. Il n'y aurait donc rien de dérangé dans le rapport des sommes totales.

Il n'y a donc pas de comparaison à établir entre les populations agglomérées et les populations éparpillées, quant au revenu qu'elles procurent aux chemins de fer riverains. En substituant les dernières aux premières, on remplace des voyageurs qui payent comme un à des voyageurs qui payent comme trois, et la commission parlementaire de 1840 était tout à fait dans le vrai, quand elle recommandait de toucher les grandes villes, fût-ce au prix d'un allongement de parcours.

DU SERVICE DES EMBRANCHEMENTS.

Mais, dit-on, dans le cas spécial du chemin de Lyon, la sous-commission est loin de contester l'importance des grands centres de population intermédiaires, ainsi on lit à la page 153 du rapport de M. Daru : « Nous avons hâte de le dire, il ne s'agit pas d'isoler « Troyes. Tout le monde reconnaît qu'il y a nécessité de ratta- « cher cette ville à la ligne principale par un embranchement.

« Troyes occupe, en effet, le centre d'un cercle de 30 lieues, où « l'on chercherait vainement une agglomération de population « qui puisse lui être comparée; c'est la capitale de la Champagne, « c'est le point de jonction de quatre routes royales, celles de « Paris à Dijon, de Nancy à Reims, de Nevers à Sedan et de Paris « à Bâle. Autrefois et pendant longtemps, le commerce de l'Alle- « magne s'est fait par son intermédiaire; elle a conservé encore le « transit du Nord-Ouest vers la Suisse : nous avons vu quels étaient « sa richesse, son industrie, le produit de ses manufactures; il est « évident qu'une ville placée dans de telles conditions, ne peut « pas être délaissée. » La sous-commission recommande alors à l'unanimité la construction d'un embranchement dirigé de Troyes sur Montereau.

De même, lorsqu'elle propose le percement du Mont-Afrique, qui place Dijon à 36 kilomètres de la voie principale, passant à Beaune, la sous-commission s'écrie, page 147 : « Certes Dijon est « une ville importante par sa position au haut de la vallée de la « Saône, par la proximité du canal du Rhône au Rhin et du canal « de Bourgogne, par le croisement qui s'y fait des deux grandes « communications de Paris à la Suisse et de Marseille au Nord; « c'est un point central pour les mouvements militaires, une ville « de premier ordre; il faut lui donner un chemin de fer, et si le che- « min de fer de Beaune à Dijon n'était pas voté, nous n'hésite- « rions pas à vous dire qu'il est absolument nécessaire. »

Toute la question est donc de savoir si deux villes qui constitueront certainement l'élément principal de la circulation du railway lyonnais, seront suffisamment bien desservies par des embranchements; si ces embranchements ne seront pas pour le service de la ligne mère une cause de perte de temps équivalente, pour le moins, au retard qu'eût imposé leur suppression, s'ils n'augmenteront pas outre mesure les dépenses d'exploitation.

Un embranchement ne peut le desservir que de deux manières : ou par train direct ou par trains de correspondance.

Le service par train direct employé sur les chemins de Paris à Corbeil et de Mulhouse à Than est extrêmement dispendieux, car il tend à disséminer le plus petit nombre de voyageurs possibles dans le plus grand nombre de convois. On ne l'emploie donc que dans des cas exceptionnels, entre des points de petit parcours extrêmement fréquentés; sur les grandes lignes, on dessert les embranchements par correspondance, et l'on admet un ou plusieurs trains directs quand l'importance des villes ainsi réunies justifie cette dépense.

Pour desservir un embranchement par correspondance, on place en queue du convoi principal un nombre convenable de voitures dans lesquelles prennent place les seuls voyageurs à destination de l'embranchement. Arrivé au point de bifurcation, le train principal trouve un train secondaire rempli de voyageurs partis des stations de l'embranchement pour se rendre à un endroit quelconque de la ligne qui reste encore à parcourir. Il se fait alors un échange des voitures amenées par le train principal et de celles qui arrivent de l'embranchement. La locomotive qui a conduit ces dernières ramène les autres. On attache les voitures venues de l'embranchement, au train principal qui continue sa route.

Mais une semblable manœuvre, décrochage successif des voitures, changement de voie, recomposition du train, ne s'effectue pas sans une notable perte de temps, elle a de plus l'inconvénient de doubler le nombre des voitures en service journalier pour le transport. Qu'au lieu d'un embranchement on en rencontre deux, et l'on aggravera bien autrement encore ces difficultés ; on aura non-seulement une perte de temps double, un nombre des voitures en service triple (1), mais la manœuvre des trains aux points d'embranchement deviendra beaucoup plus compliquée, puisque,

(1) Prenons un rail-way aboutissant aux points A et B, et qui recevrait deux embranchements sur les villes C et D. Chaque voyage sur la ligne nécessitera le mouvement de voitures qui suit :

1° Voitures pour les voyageurs sur la ligne principale de A en B, avec waggon à bagages ;

2° Voitures pour les voyageurs qui, partis de A, se rendent à C, avec waggon à bagages ;

3° Voitures pour les voyageurs qui, partis de A, se rendent à D, avec waggon à bagages ;

4° Voitures pour les voyageurs qui, partis de C, se rendent à B, avec waggon à bagages ;

5° Voitures pour les voyageurs qui, partis de C, se rendent à D, avec waggon à bagages ;

6° Voitures pour les voyageurs qui, partis de D, se rendent à B, avec waggon à bagages.

Nous n'exagérons donc rien en disant que le nombre des voitures en service quotidien sera pour le moins quadruplé. Or, si l'on observe que l'entretien des voitures sur un train de composition ordinaire s'élève en moyenne à 25 centimes par kilomètre parcouru, on verra que les nécessités créées par le service des deux embranchements arriveraient à augmenter les frais de locomotion de 50 pour cent.

pour dégager les voitures à destination du 2e embranchement, il faudra d'abord pousser à l'écart les voitures prises à l'embranchement n. 1er et qui terminent par conséquent le train. Avec un poids brut aussi considérable, on sera très-souvent obligé d'employer ces remorqueurs auxiliaires sur la voie principale. De là une nouvelle augmentation de dépense.

Ce sont pourtant là les moindres défauts des services des embranchements.

Ajoutez à cela que sur une ligne de grande longueur et quelle que soit la régularité de la marche des trains, il est impossible de préciser à quelques minutes près le moment de l'arrivée aux stations intermédiaires. Chaque fois qu'un retard provenant d'un accroissement imprévu de charge, d'un changement subit dans la direction du vent, d'un dérangement quelconque dans la machine, d'une affluence plus qu'ordinaire de voyageurs sur tel ou tel point, sera éprouvé par l'un des trois trains en mouvement, il en résultera un retard général sur toutes les lignes, car les premiers arrivés doivent attendre ceux qui sont en arrière. Sur la ligne principale, des retards de cette nature peuvent devenir la cause déterminante d'accidents.

Ces inconvénients, nous devons le dire, n'existent pas au même degré quand l'embranchement n'aboutit qu'à une localité secondaire. Alors on peut subordonner tout le service à la bonne exploitation de la ligne principale. On donne, à tous les trains d'embranchement, une avance suffisante pour que jamais ils ne fassent attendre le train principal; au point de bifurcation, les voyageurs changent de voiture, et leurs bagages sont transbordés ; mais alors l'embranchement est très-médiocrement desservi. Les voyageurs qui en partent font une longue station au point de croisement, sont astreints à des changements de voiture toujours fort désagréables, qui se répètent deux fois pour ceux qui circulent entre deux villes ainsi reliées à la voie principale.

On comprend donc que ces villes ne donnent qu une très-faible partie des voyageurs qu'elles eussent fourni si une voie principale les avait traversées ; elles le peuvent d'autant moins, que le nombre des occasions de voyager qui leur sont offertes est forcément très-restreint. Un embranchement, en effet, alimenté seulement par la circulation propre à la localité qu'il dessert, ne peut fournir qu'un nombre limité de voyageurs, conséquemment ne peut défrayer le même nombre de trains qu'une ligne principale sur laquelle les voyageurs à grande distance viennent se réunir aux voyageurs intermédiaires. Avec la diminution dans le nombre des trains se produit une diminution dans le nombre des voyageurs.

Enfin, une dernière raison tend encore à rendre ce mouvement de personnes plus restreint. On sait que la circulation entre deux villes données est d'autant plus active que ces villes sont plus rapprochées l'une de l'autre. Or, par cela même qu'on laisse une ville en dehors d'une ligne principale, on l'éloigne nécessairement des autres villes traversées par le chemin de fer. Ainsi, les propositions énoncées dans le rapport de M. Daru auraient pour résultat de placer Troyes à 479 kilomètres de Dijon, au lieu de 160 kilomètres, distance par le tracé de la Seine. Comment veut-on qu'après un pareil changement, les relations mutuelles de Troyes et de Dijon, par rail-way, conservent encore quelque activité?

On peut donc dire d'une manière générale que, dans l'intérêt de la célérité, de la régularité de la marche, de l'exploitation sûre et économique des chemins, de la réalisation des recettes les plus grandes possibles, il faut placer sur les lignes principales, fût-ce au prix d'un notable allongement de parcours, les villes importantes, ces centres politiques et industriels, qui fournissent aux rail-ways la plus grande partie de leurs revenus.

C'est pour les villes secondaires, pour les centres qui tirent leur importance du transport des marchandises, qu'il convient de réserver les embranchements.

INFLUENCE EXERCÉE SUR LA MULTIPLICITÉ DES VOYAGES PAR LA PROFESSION DES TRAVAILLEURS.

Il est un dernier point sur lequel nous croyons encore que l'expérience pourrait être utilement consultée. Nous voulons parler de l'influence qu'exerce sur la multiplicité des voyages la nature des travaux auxquels se livre la généralité des populations traversées.

La sous-commission, après avoir constaté que dans la vallée de la [illegible]e, entre Troyes et Romilly, on trouve échelonnés le long du chemin de fer 18,000 ouvriers environ, occupés à 6,000 métiers qui forment l'industrie spéciale de cette partie de la Champagne, que plus loin on rencontre autour de Châtillon 22 hauts fourneaux et 32 feux de forge, et, par conséquent, là encore une assez grande population ouvrière; qu'au contraire le tracé par Tonnerre rencontre peu d'industrie, beaucoup de cultivateurs, ajoute : « Nous « déclarons que nous sommes dans l'impossibilité absolue de dire si « les populations agricoles sont plus sédentaires de leur nature que « les populations manufacturières. »

Énoncé sous cette forme tout à fait générale, ce principe, posé par la commission, peut être vrai, le manœuvre attaché au sol et l'ouvrier enchaîné à la grande fabrique ne peuvent pas plus l'un que l'autre faire un usage fréquent du chemin de fer. Mais la sous-commission a oublié de remarquer qu'au-dessus de l'ouvrier, il y a une population de maîtres et de commis essentiellement mobile, qui apprécie la vitesse et qui se montre disposée à en solder la valeur, tandis qu'au-dessus du manœuvre des campagnes on rencontre le petit cultivateur et le fermier, habitués à vivre des produits de leurs champs, qui ne connaissent le plus souvent l'argent que de nom, et qui enfin sont assujettis, par la profession même qu'ils exercent, à entretenir des animaux de trait qui leur servent à porter leurs denrées au marché.

Comment expliquerait-on sans cela que la partie du chemin de fer belge qui traverse les Flandres, provinces dans lesquelles la population est de 6,420 et de 4,920 habitants par lieue carrée (lieue belge de 5 kilomètres), est beaucoup moins productive que la partie du rail-way qui traverse le Brabant et la province de Liége, dont les populations sont respectivement de 4,640 et de 3,460 habitants par lieue carrée ?

Comment expliquerait-on ce fait, mis en relief par la seule inspection des cartes du royaume-uni ? En Angleterre, les chemins de fer se trouvent tous et se trouvent seulement dans les comtés manufacturiers. Là ils sont multipliés outre mesure et de manière à se faire une concurrence ruineuse, ce qui ne les empêche pas d'obtenir des revenus assez élevés, tandis que les comtés purement agricoles de l'Est et de l'Écosse en sont encore réduits à leurs anciennes routes de terre. Plusieurs grandes lignes avaient été décrétées pour réunir entre eux Londres et les comtés de l'Est. Les premiers résultats donnés par leur exploitation ont été tels, qu'on a dû bientôt les arrêter à une petite distance de la capitale, et c'est ainsi que des rail-ways d'Eastern-Counties, de Northern and Eastern, qui devaient former un développement de 313 kilomètres, il ne reste aujourd'hui que deux tronçons voisins de la capitale entre Londres et Colchester, Londres et Bishop-Stortford, avec développement total de 129 kilomètres. Ces deux tronçons, bien qu'appelés à l'alimentation de Londres, n'ont donné dans le semestre dernier que de médiocres bénéfices : le Northern and Eastern 4 pour 100, l'Eastern-Counties 1 et 1/3, alors que le rail-way de Londres à Southampton donnait 6 1/2 pour 100, celui de Londres à Bristol 7, celui de Londres à Birmingham 10.

On a observé en Belgique que les populations agricoles ne pouvaient être attirées vers le chemin de fer que par des abaissements considérables de tarif, et que dans ce cas encore le parcours moyen par personne n'était que de quelques kilomètres. A cet égard, il existe une déclaration officielle de M. Rogier, ministre des travaux publics, qui, rendant compte de l'effet produit par l'élévation à 4 centimes du tarif des waggons, disait : « Le tarif de M. Nothomb « a chassé du chemin de fer tous les habitants des campagnes. »

Nous ne croyons donc pas qu'il y ait aucune comparaison à établir entre les populations agricoles et les populations manufacturières quant au revenu qu'elles procurent aux chemins de fer qui les traversent. D'ailleurs, lorsqu'on parle de populations industrielles, il y a une distinction extrêmement importante à établir entre les ouvriers attachés aux grands ateliers, aux grandes manufactures, espèces d'annexes des machines qu'ils regardent mouvoir, et les hommes qui travaillent chez eux pour le compte des grands fabricants, qui sont occupés à ce que l'on nomme la petite fabrique.

Si les voyages sont, pour ainsi dire, impossibles aux premiers, ils sont, au contraire, une nécessité absolue pour les seconds, obligés d'aller périodiquement à la ville pour porter leur ouvrage et chercher de la matière première, et c'est là ce qui fait que le chemin de Manchester à Leeds, mené au milieu de populations ouvrières de cette nature (1), est de tous les rail-ways anglais celui qui réunit

(1) Voici ce qu'on lit dans l'enquête de 1840, relativement à ce rail-way :

Interrogatoire du capitaine Lawes, l'un des directeurs :

« Les fileurs à la main prennent-ils le chemin de fer pour se rendre à Manchester? — Je puis répondre à cette question par des chiffres certains ; Middleton est le village des environs de Manchester dans lequel est établi le plus grand nombre des fileurs à la main ; Middleton, quoique n'ayant qu'une importance relative de dernier ordre est cependant une des stations qui nous fournit le plus de voyageurs de 3e classe. Ces voyageurs sont tous fileurs de profession.

« Les maîtres manufacturiers à Manchester confient-ils de l'ouvrage aux fileurs qui habitent dans leurs environs? — Oui.

« Ces fileurs, quand leur ouvrage est terminé, le rapportent-ils à Manchester pour le rendre à leur manufacturier? — Oui.

« Prennent-ils habituellement le rail-way comme moyen de perdre moins de temps

le plus grand nombre de voyageurs de troisième classe, 747,102, qui ont produit 1,225,000 fr. en 1842! « La très-grande majorité « des voyageurs de troisième classe transportés par ce rail-way, « lit-on à la page 15 du rapport annuel du bureau du commerce, « se compose de classes ouvrières dans toute la rigueur de l'accep- « tion : fileurs, maçons, charpentiers et ouvriers de toute sorte « qui, avant l'établissement du chemin de fer, voyageaient quel- « quefois par charrette et le plus souvent à pied. »

C'est encore à une situation de cette nature que le petit rail-way de Mulhouse à Than doit la plus grande partie du mouvement qui l'alimente. Les populations industrielles font sa fortune alors que les populations agricoles font la ruine du chemin de Mulhouse à Strasbourg.

La distinction que nous avons signalée est d'autant plus importante à établir, qu'entre Troyes et Romilly on trouve une situation tout à fait analogue à celle qui existe entre Manchester et Leeds ; une situation dont il faut conséquemment tenir compte dans l'évaluation des produits probables du tracé par la Seine.

En thèse générale, il convient de comprendre dans la classe des ouvriers mobiles les artisans qui exercent une profession. Gagnant des salaires assez élevés, ces travailleurs peuvent se déplacer et se déplacent, en effet, avec une excessive facilité; d'abord pour faire leur tour de France, puis pour exercer leur industrie. Voudra-t-on placer sur la même ligne ces 60,000 maçons qui viennent chaque année passer la belle saison à Paris, avec ces paysans des campagnes qui ne sortent jamais de leurs villages?

En se déclarant hors d'état d'apprécier le degré comparatif de mobilité des populations agricoles et industrielles, la sous-commission s'est laissée aller à une défiance excessive de ses propres forces. Les expériences déjà faites en Belgique, en Angleterre, en

dans ce double voyage? — Je ne crois pas qu'il fût possible de rencontrer un train qui ne contienne pas de fileurs à la main.

« Avez-vous remarqué si cette disposition à user de votre rail-way allait croissant? — Sans doute, nous avons même observé qu'il vient des fileurs d'autres districts, nommément du district de Crompton et Shaw; ceux-ci font 4 milles (6,400 mètres) à pied pour rejoindre notre station, et prennent nos voitures jusqu'à Manchester. Ils reviennent ordinairement à pied, n'ayant pas les moyens de payer un double voyage.

« Quelle est la distance de Crompton à Manchester? — Environ 6 milles (10 kilomètres).

« De sorte qu'un fileur de Crompton est obligé de parcourir cette distance chargé des résultats de son travail? — Oui, puis il revient chargé de nouvelle matière brute. Chaque fileur ne fait pas moins d'un voyage par semaine. »

France même, fussent-elles encore à commencer, il suffirait pour résoudre une telle question d'invoquer les simples lumières du sens commun.

CONCLUSION.

Nous avons successivement examiné les conditions qu'il faut s'attacher à remplir dans la détermination des tracés des chemins de fer. Cette étude nous a conduit aux conclusions suivantes :

1° Les rail-ways, si on combine le temps et l'argent à la fois épargnés, sont le mode le plus parfait de transport qu'indique la science économique.

Ils sont d'autant plus profitables à la communauté, qu'ils procurent une plus grande somme d'épargne en temps et en argent aux hommes et aux choses qui les alimentent.

Ce serait aller à l'encontre de ce but que de les établir sur les points où l'on circule déjà à bon marché, et de les établir par cela seul que l'on y circule déjà beaucoup.

La plus vulgaire arithmétique dit que là où une circulation probable peut être comme 100, et l'économie de temps et d'argent comme 6, un chemin de fer concourt plus puissamment à l'accroissement de la fortune publique que là où une circulation déjà favorisée se compte comme 500, et l'économie comme 1.

C'est donc s'attacher à une base incorrecte que de fonder un chemin de fer seulement sur la théorie des grandes circulations. Il ne suffit pas de relever le nombre des unités par lui transportées ; il faut encore calculer l'épargne réalisée sur chacune des unités. C'est le produit du nombre de ces unités par le chiffre de l'épargne pour chacune d'elles qui est la véritable mesure de l'intérêt public.

2° Le mouvement des hommes et celui des choses se développe sous l'influence de quatre causes : l'économie, la régularité, la célérité et la multiplicité des moyens de transport mis à la portée du public. Ce développement est d'autant plus considérable, que ces causes agissent avec une plus grande simultanéité, avec une plus grande énergie.

Les voies ordinaires de communication, routes, canaux, fleuves et rivières navigables, possèdent deux au moins de ces qualités, et les possèdent souvent au plus haut degré. Le chemin de fer les réunit toutes ; et c'est pour cela qu'il est peu de situation dans laquelle il ne soit pas susceptible de provoquer un accroissement de circulation.

Mais cet accroissement varie beaucoup dans ses proportions ; il varie proportionnellement au degré relatif d'imperfections de la voie de transport à laquelle on a substitué un chemin de fer.

La circulation existante n'est donc pas un indice complet de la circulation probable sur un chemin de fer projeté, et ne peut conséquemment être prise pour terme de comparaison entre deux tracés rivaux. Pour prononcer entre deux directions différemment partagées quant à la viabilité, il ne suffit pas de constater le développement d'activité qui existe au milieu de chacune d'elles : il faut encore, et par-dessus tout, mesurer l'étendue des besoins de circulation qu'elles recèlent, mais qui ne sont pas encore satisfaits.

3° Tout différents qu'ils puissent paraître à leur origine, lorsque leur organisation est encore imparfaite et qu'on n'obtient des uns qu'une économie associée à une excessive lenteur, des autres qu'une vitesse alliée à de grandes dépenses, les canaux et les chemins de fer, arrivés à un état d'aménagement régulier et bien entendu, sont des instruments qui se prêtent également bien au transport des marchandises. Chaque amélioration un peu essentielle tourne au profit de la célérité des transports sur les voies d'eau, au profit de la modicité des tarifs sur les chemins de fer; et c'est ainsi qu'avec des points de départ diamétralement opposés, ces deux modes de communication arrivent toujours, pour le transport des marchandises, à rendre les mêmes services. Tracer un chemin de fer le long d'un canal, c'est donc partager entre deux voies le mouvement auquel une seule eût pu suffire, c'est compromettre le succès financier de deux entreprises dans lesquelles sont engagés d'immenses capitaux; c'est détruire volontairement une partie de la fortune publique dans cette autre règle : les chemins de fer doivent être, autant que possible, tenus à l'écart des voies de navigation.

4° L'économie d'argent sur les transports étant un des facteurs principaux du produit que représente l'utilité publique d'un chemin de fer, la modicité des tarifs doit être recherchée avec soin. Or, les tarifs rémunérateurs diminuent très-rapidement avec les accroissements de circulation. Toutes choses égales, d'ailleurs, il faut donc s'attacher à réunir sur chacun des tracés choisis le plus grand mouvement d'hommes et de choses possible. Ce résultat s'obtient :

En établissant entre les lignes voisines les unes des autres des parcours ou troncs communs ;

En s'attachant à traverser les grands centres de populations agglomérées, les chefs-lieux politiques et administratifs. Nous avons montré, en effet, qu'à égalité de nombre les populations des grandes villes étaient beaucoup plus productives pour les chemins de fer que les populations disséminées dans les villages et les campagnes ;

En recherchant les localités livrées aux travaux de la petite industrie, les établissements qui donnent lieu à de grands mouvements de matières premières, comme les hauts fourneaux, les forges, etc.

Enfin, il convient de prendre en considération sérieuse les prescriptions de la justice distributive, qui veut que les bénéfices soient, comme les charges publiques, équitablement répartis entre les divers membres de la communauté, et de tenir compte de trois autres éléments sur lesquels nous n'avions pas d'observations nouvelles à présenter : les conditions d'exécution propres à chaque ligne, la disposition des artères principales quant aux embranchements secondaires jugés utiles (1), les intérêts de la défense du territoire.

Nous n'avons rien à conclure en ce qui concerne le tracé du chemin de Lyon. Nous n'avons pas entendu examiner cette question d'une manière spéciale, une telle tâche nous eût entraîné trop loin. Si nous avons souvent fait allusion aux travaux de la sous-commission d'enquête, c'est que nous trouvions, dans le rapport de M. Daru, des faits et des chiffres revêtus d'un caractère officiel, et que, pour donner à notre pensée une forme saisissante, nous sentions le besoin de recourir aux applications.

Pouvions-nous d'ailleurs choisir une occasion plus opportune, plus solennelle, de rappeler les principes qui doivent présider au choix des tracés? Jusqu'ici les discussions de cette nature n'avaient été, pour ainsi dire, qu'effleurées, ou n'avaient pas franchi les limites étroites que l'esprit de localité impose aux orateurs qu'il inspire. La question du tracé du chemin de Lyon s'annonce d'une manière tout autre. La grandeur des intérêts qu'elle touche, l'im-

(1) Cette face de la question devrait être examinée pour toutes les parties de chacun des tracés, et non pas seulement pour quelques points peu éloignés de Paris. Nous faisons cette observation parce que, dans le rapport de M. Daru, nous ne voyons pas qu'il soit question des embranchements qui pourraient être projetés pour Chaumont et Langres, dans l'intérêt de l'industrie métallurgique.

portance que lui ont déjà données des publications nombreuses et estimables, les travaux de la commission supérieure, tout annonce qu'elle est appelée à remuer profondément les chambres et le pays, à servir de point de départ, à établir des précédents pour les délibérations à venir.

Dans une telle situation, lorsque la vivacité de la lutte peut aller jusqu'à la passion, lorsque des influences puissantes sont en jeu, lorsqu'il s'agit d'une matière encore peu explorée, on doit craindre que la dextérité des plaideurs ne mette en défaut la perspicacité des juges et n'assure le triomphe éclatant de l'erreur.

Nous n'avons pas voulu qu'un si déplorable résultat pût se produire; nous n'avons pas voulu que des principes, faussés pour le besoin d'une cause, fussent érigés en code futur de nos travaux publics.

Edmond TEISSERENC.

PARIS. — IMPRIMERIE DE SCHNEIDER ET LANGRAND,
rue d'Erfurth, 1, près l'Abbaye.

www.ingramcontent.com/pod-product-compliance
Ingram Content Group UK Ltd.
Pitfield, Milton Keynes, MK11 3LW, UK
UKHW020349220726
13923UKWH00004B/1595

9 782016 186527